中国环境监测总站《地表水自动监测系统实用技术手册》编写组／编

地表水
自动监测系统
实用技术手册

DIBIAOSHUI ZIDONG JIANCE XITONG
SHIYONG JISHU SHOUCE

SURFACE
WATER

中国环境出版集团・北京

图书在版编目（CIP）数据

地表水自动监测系统实用技术手册/中国环境监测总站《地表水自动监测系统实用技术手册》编写组编. —北京：中国环境出版集团，2018.9（2023.4 重印）
ISBN 978-7-5111-3835-4

Ⅰ.①地… Ⅱ.①中… Ⅲ.①地面水—水质监测—自动监测—技术手册 Ⅳ.①X832-62

中国版本图书馆 CIP 数据核字（2018）第 211848 号

出 版 人 武德凯
责任编辑 赵惠芬
封面设计 彭　杉

出版发行 中国环境出版社
（100062 北京市东城区广渠门内大街 16 号）
网　　址：http://www.cesp.com.cn
电子邮箱：bjg1@cesp.com.cn
联系电话：010-67112765 编辑管理部
010-67113412 教材图书出版中心
发行热线：010-67125803 010-67113405（传真）
印　　刷 北京中科印刷有限公司
经　　销 各地新华书店
版　　次 2018 年 9 月第 1 版
印　　次 2023 年 4 月第 4 次印刷
开　　本 787×1092 1/16
印　　张 11.75
字　　数 244 千字
定　　价 88.00 元

编写指导委员会

编 写 委 员 会

主　编　姚志鹏　　刘　京　　杨　凯

副主编　刘　允　　李东一　　陈亚男

编　写　（按姓氏笔画）

丁　页	王明翠	王延军	王韬懿
韦方洋	亢福慧	龙见翔	卢凤媛
刘　允	刘　京	刘　喆	刘晓娟
刘　峰	曲桂玉	孙宗光	许朋琨
闫　鑫	李　博	李东一	李晓明
李伟峰	何纪平	肖何欣	陈亚男
陈季康	陈　鹏	杨　凯	孟　飞
姚志鹏	翁嘉昌	嵇晓燕	蒙庆良
解　鑫	廖胜利		

编　审　（按姓氏笔画）

卢　研	李　闯	朱建明	赵盼盼
邵美琪	程俊杰	梁晓春	顾　蕾
谢　康			

前言

随着环境监测体制改革的深入进行，谋划新时代生态环境监测体系，按时完成地表水国家考核断面水质监测事权的上收是环境监测部门面临的重要课题。为确保监测数据“真、准、全”，加大环境监测信息公开力度，根据生态环境部的战略决策，今后的地表水环境质量监测将采用以自动监测为主、手工监测为辅的技术体系。2018年国家财政投资在全国2 050个地表水环境质量国家考核断面（以下简称国考断面）上全面建设水质自动监测站，由中国环境监测总站负责统一建设与管理，实现“国家考核、国家监测、数据共享”的管理目标。

为了保证2 050个国考断面水质自动监测站的长期稳定运行和数据准确，我们组织编制了《地表水自动监测系统实用技术手册》。本书内容涵盖了水质自动监测系统运维人员需掌握的基本知识、操作技术和管理要求，力求内容全面、重点突出、结构合理。希望通过进一步的培训能够加强水站运维人员的队伍建设和人才培养，使水站运维人员能够系统掌握水质自动监测站的基本要求和基本知识，统一国家地表水水环境质量自动监测建设、运行维护和管理，规范水站的运行维护技术和管理行为，减小各个水质自动监测站间的数据偏差，保障水站能够长期稳定运行，保证数据的可信、准确、可比。

本书由姚志鹏和刘京制定编制大纲，统筹全书的编写工作。第一章地表水水质自动监测系统简介和第四章采水单元由孙宗光、姚志鹏等编写；第二章监测点位选择和第七章分析单元由李东一、解鑫等编写；第三章站房建设要求和第六章辅助单元由刘喆、李博等编写；第五章配水及预处理单元由刘允等编写；第八章系统控制单元和第九章数据采集与传输单元由杨凯、刘允、刘喆等编写；第十章浮船站运行维护要求由丁页、杨凯等编写；第十一章水质自动站的运行维护由陈亚男、刘京等编写；第十二章国家地表水环境质量监测与评价现状由李晓明、嵇晓燕等编写。在编写过程中，得到了（排名不分先后）长江水利委员会长江科学院、力合科技（湖南）股份有限公司、厦门隆力德环境技术开发有限公司、北京晟德瑞环境技术有限公司、北京尚洋东方环境科技有限公司、中兴仪器（深圳）有限公司、广州怡文环境科技股份有限公司、宇星科技发展（深圳）有限公司、上海科泽智慧环境科技有限公司、杭州绿洁水务科技股份有限公司、广西先得环保科技有限公司和南瑞集团有限公司的大力协助，在此一并感谢。

由于编写时间仓促，受编写人员业务水平、实践经验和工作局限的限制，尚有不尽如人意的地方以及存在一些错误，敬请大家多提宝贵意见。

本书的编制得到了水体污染控制与治理科技重大专项：2014ZX07502－002 国家水环境监测智能化管理综合平台构建技术与业务化运行示范项目的支持与帮助，在此表示感谢。

编　者

2018 年 8 月 17 日

目录

1 地表水水质自动监测系统简介

1.1 系统概述

地表水水质自动监测系统由布署在中国环境监测总站（以下简称总站）国家水质自动综合监管平台和各个水质自动监测站（以下简称水站）共同组成。

平台通过互联网，利用 VPN 通讯方式（虚拟专用网络），实现对各水站的实时监视、远程控制、数据采集和数据传输。其他经授权的终端也可以使用同样的方式实现对相关水站的实时监视和数据传输功能，系统拓扑图见图 1－1。

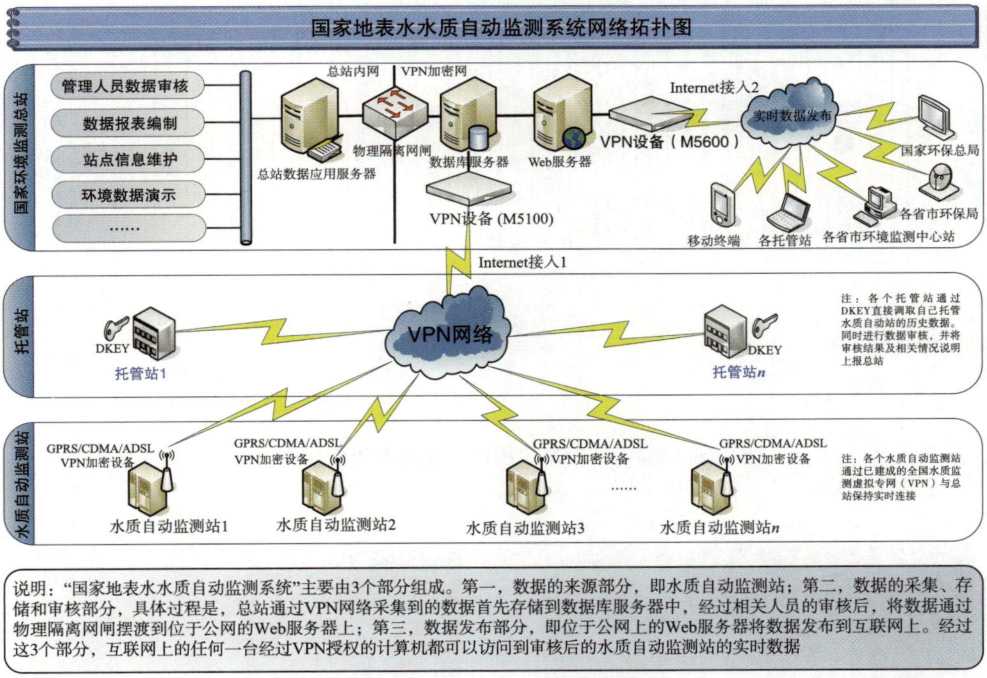

图 1－1　地表水水质自动监测系统示意图

1.2 地表水水质自动监测站定义与组成

水质自动监测站系统是一套以在线自动分析仪器为核心，运用现代传感器技术、自动测量技术、自动控制技术、计算机应用技术以及相关的专用分析软件和通信网络所组成的一个综合性的水质自动监测体系。

地表水自动监测是对地表水样品进行自动采集、处理、分析、数据传输的整个过程。地表水自动监测站是指完成水质自动监测的现场部分。

水站构成：水站由监测站房、采水单元、配水及预处理单元、辅助单元、分析测试单元、控制单元和数据采集与传输单元等组成，水站系统结构见图 1－2～图 1－6。

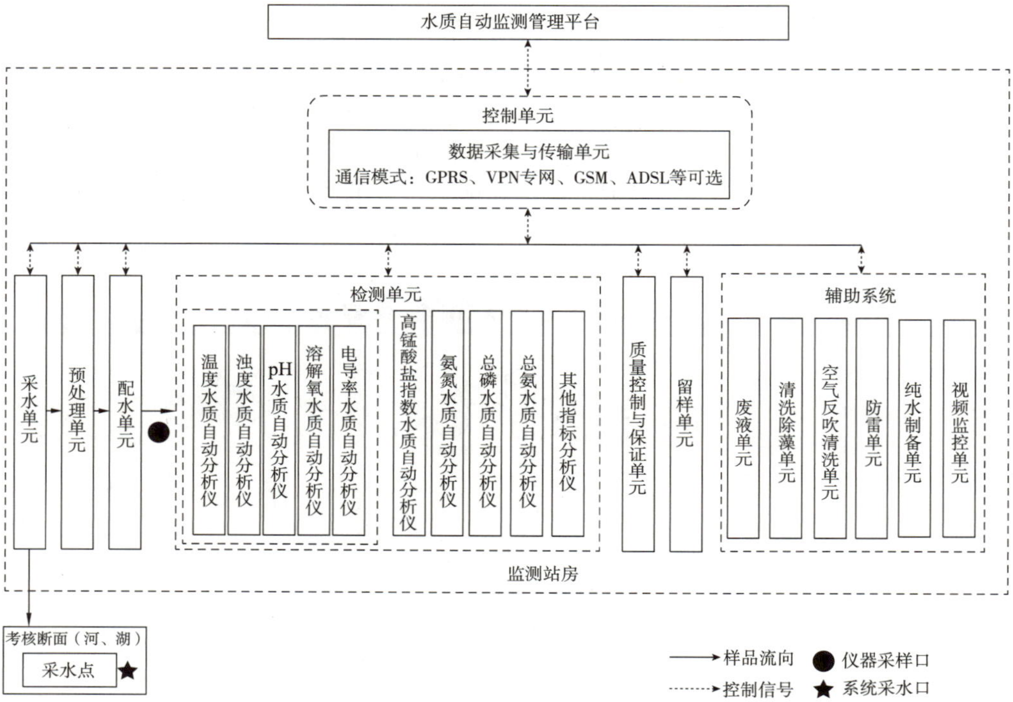

图 1－2　地表水水质自动监测系统结构图

图 1－3　控制、分析单元

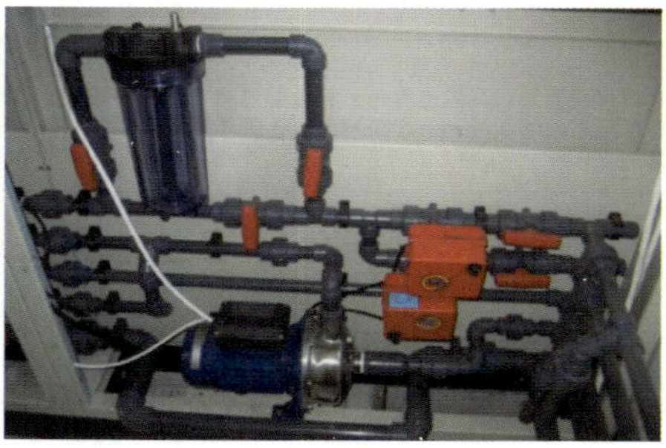

图 1－4　配水单元

图 1－5　水站站房

图 1－6　采水栈桥

1.3　地表水水质自动监测站功能与基本要求

水质自动监测站配置有相应的采水单元、配水单元、仪器测试单元和系统控制单元。采水、配水单元设计上考虑了过滤、沉沙、清洗、补水系统，确保仪器对样品水的要求得到满足。

每个水站系统必须具备自动采样、自动分析、自动数据采集与处理及传输功能，并保证连续稳定运行。水站系统对于断电、断水等意外事件具有智能诊断、自动保护及自动恢复功能。水站系统内各单元之间必须实现合理的连接，形成一个独立自动运行的完整系统，并保证稳定运行。水站数据直接上传到总站管理和发布平台。

1.4　地表水水质自动监测项目选择

根据监测目的、水质特点确定监测项目，分为必测项目和选测项目（见表 1－1），对于选测项目应根据水体特征污染因子、仪器设备适用性、监测结果可比性以及水体功能进行确定。仪器不成熟或性能指标不能满足当地水质条件的项目不应作为自动监测项目。

表 1－1　地表水水质自动监测站必测项目与选测项目

水体	必测项目	选测项目
河流	常规五参数（水温、pH、溶解氧、电导率、浊度）、氨氮、高锰酸盐指数、总氮、总磷	挥发酚、挥发性有机物、油类、重金属、粪大肠菌群、流量、流速、流向、水位等
湖、库	常规五参数（水温、pH、溶解氧、电导率、浊度）、氨氮、高锰酸盐指数、总氮、总磷、叶绿素 a	挥发酚、挥发性有机物、油类、重金属、粪大肠菌群、藻类密度、水位等

1.5 地表水水质自动监测站监测流程

根据本项目需求，系统运行周期（连续或间歇）设置功能，至少具备常规、应急、质控等多种运行模式。

1.5.1 常规模式

常规模式是指系统经“采水、预处理、供样、仪器分析、数据保存上传”等一个一系列步骤的测试模式。常规模式下，系统只进行基本的水样测试流程，流程所需时间不超过 2 h，测试间隔一般设置 4 h。

具体流程见图 1－7。

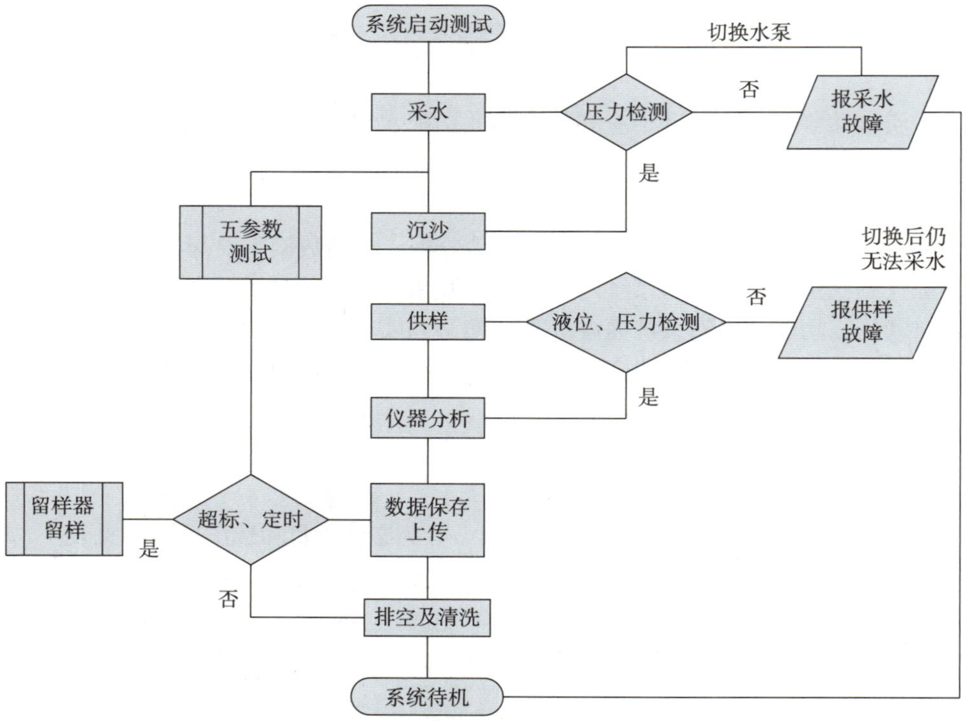

图 1－7　地表水水质自动监测站常规运行模式流程示意图

1.5.2 应急模式

应急模式是指系统经“采水、预处理、供样、仪器分析、数据保存上传”并持续循环“供样、仪器分析、数据保存上传”步骤的的测试模式，在该模式下，五参数数据每 5min 保存上传一次，其他化学法分析仪仪器连续分析水样。该模式主要用于突发污染物事故等需要紧急加密监测的情况。

具体流程见图 1－8。

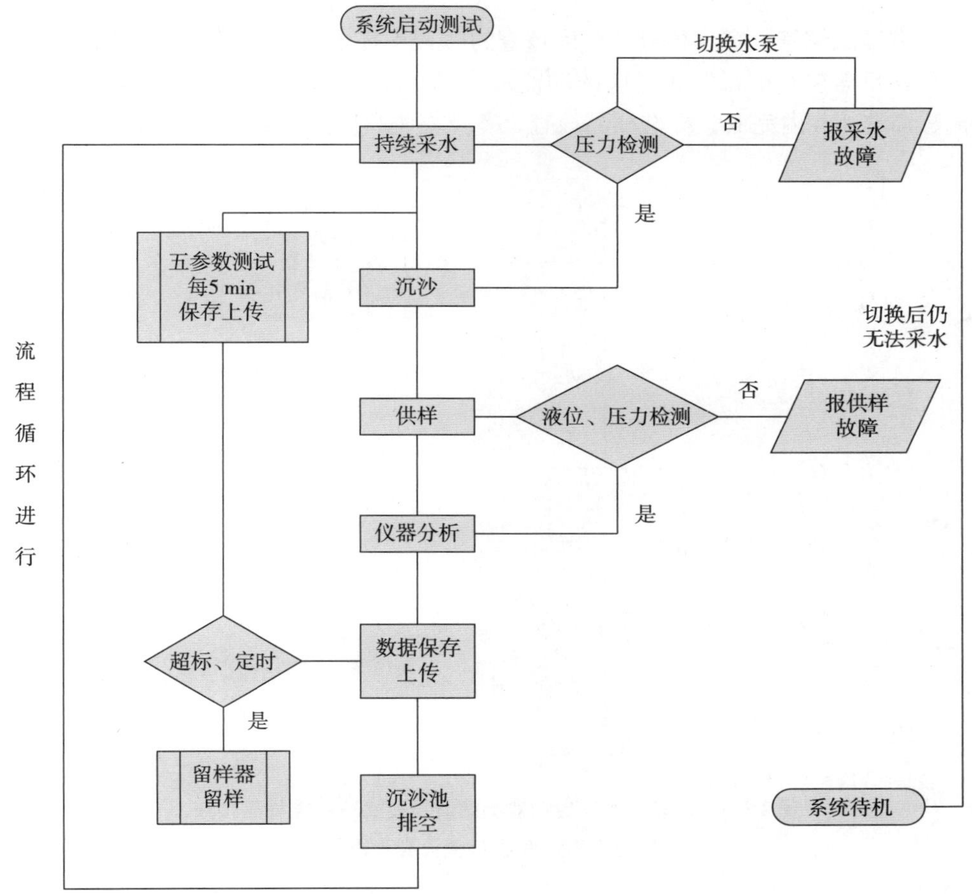

图 1－8　地表水水质自动监测站应急运行模式流程示意图

1.5.3　质控模式

质控模式是指在水样测试流程中，穿插零点核查、跨度核查、标准样品核查、平行样测试、加标回收率测试等质量控制措施的系统运行模式。在该模式下，我们可以根据实际需求，选择运行相应的流程来达到质量控制的目的。

表 1－2 是各个流程所需的参考时间（以小时计）。

表 1－2　各流程所需的参考时间

流程名称	所需参考时间/h	流程名称	所需参考时间/h
水样测试	2	标准样品核查	1
零点核查	1	平行样核查	3
跨度核查	1	加标回收核查	3

1.5.3.1 标准样品核查、零点核查、跨度核查

标准样品核查、零点核查、跨度核查的流程不涉及集成系统采水、配水、清洗等流程，只需控制单元发送对应的功能命令给分析单元即可。按照本项目的要求，该流程需在1 h内完成。标准样品核查、零点核查、跨度核查流程见图1－9。

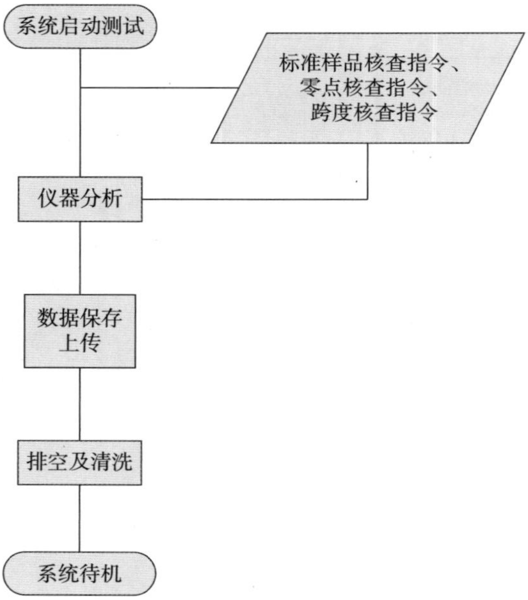

图1－9 地表水水质自动监测站质控模式—标准样品核查、零点核查、跨度核查流程示意图

1.5.3.2 加标回收率和平行样测试

加标回收率测试流程和平行样测试流程见图1－10。

因为整个流程中仪器分析步骤相当于进行了两次，所以加标回收测试流程和平行样测试流程需3 h以上的测试时间，但不能超过4 h。

1.5.3.3 五参数测试

五参数测试在质控模式下要求1 h保存上传一组数据，故在非水样测试的整点时刻，五参数测试需单独执行一次测试流程，见图1－11。

因为五参数测试为电极法实时测量，所以该流程可控制在1 h以内，同时可跟水样测试流程并行。

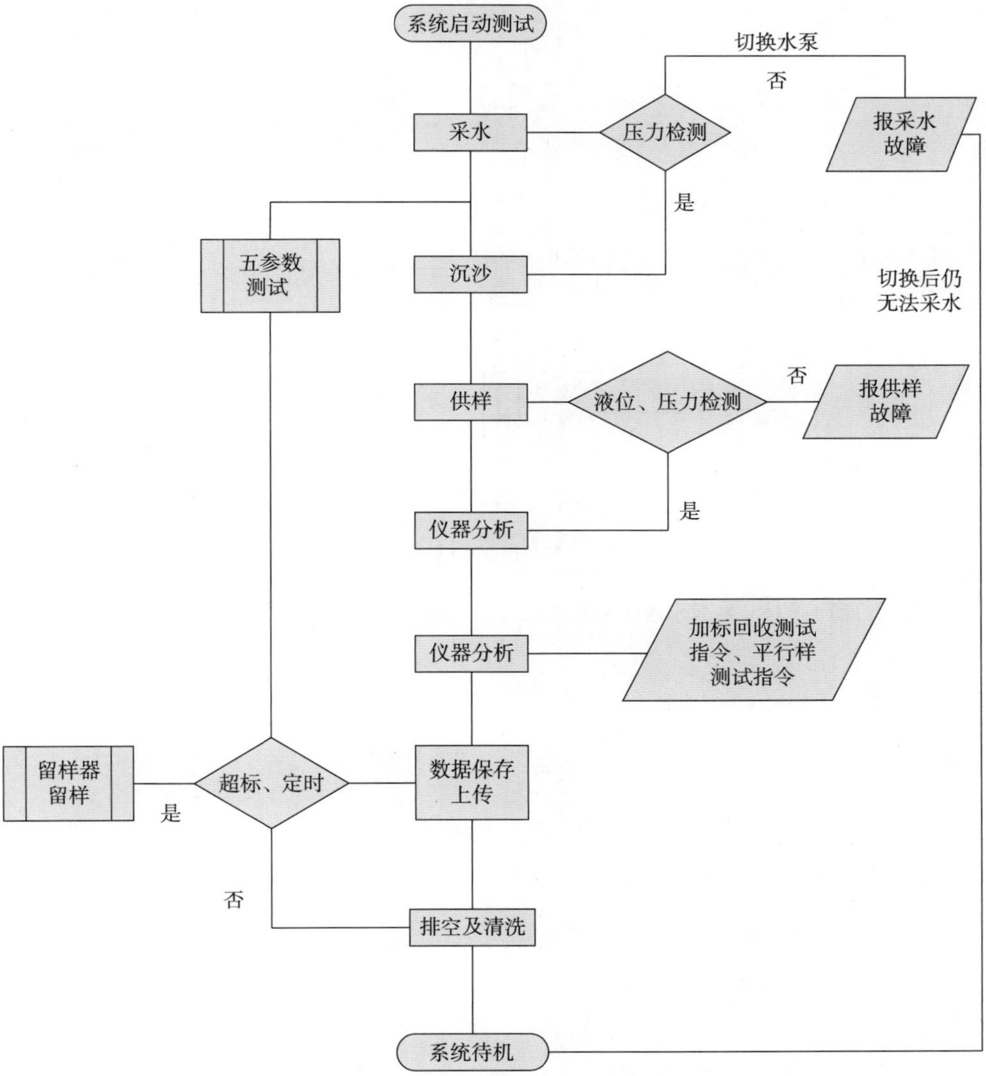

图 1－10　地表水水质自动监测站质控模式—加标回收、平行样测试流程示意图

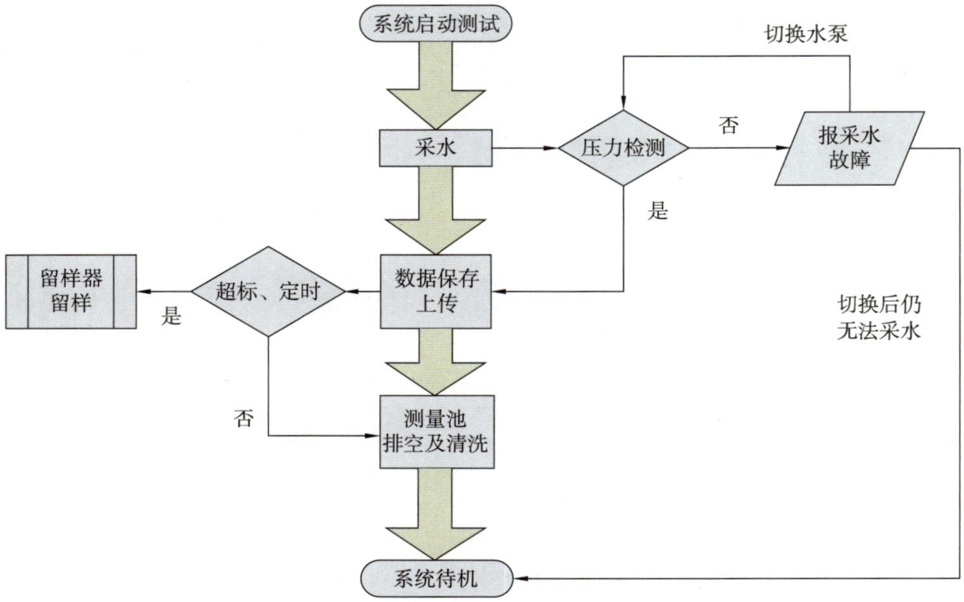

图 1－11　地表水水质自动监测站质控模式—五参数测试流程示意图

2 监测点位选择

2.1 基本条件

为了保证水质自动监测站点具备良好的水质代表性、站点的长期性、系统的安全性和运行的经济性，水质自动监测站址的选择必须考虑以下几个基本条件：

（1）基础建设的可行性和经济性，具备土地、交通、通信、电力、自来水或自备井等条件，基本不阻碍防洪要求，便于监测站点日常运行和管理。

（2）自动监测断面尽可能选择原有的常规手工监测断面，保证监测数据的连续性。现场不具备建站条件需另外选址的，须满足以下几点：

①自动监测断面与手工监测断面之间无支流、排污口汇入；

②自动监测断面和手工监测断面的水质无类别变化，保证断面属性不变、主要污染物不变；

③自动监测断面与手工监测断面水质的相对偏差（高锰酸盐指数、氨氮、总磷、总氮等）不得大于15%；

④自动监测站点优先选择断面常年有比较稳定的水深，保证能采集到代表性样品。丰水、枯水季节河道摆幅应小于30 m，枯水季节采水点水深不小于0.5 m，采水点最大流速一般应低于3 m/s，便于采水设施的建设和运行维护，保证采水安全；

⑤自动监测站房距离取水点原则上不超过150 m，枯水期时不得超过200 m，具备铺设管线和管线保温设施的条件；

⑥自动监测站网络通讯建设应以光纤/ADSL有线网络为主，确实无法满足的，可选用无线网络进行传输，带宽不低于20 Mb，满足监测数据传输要求。

2.2 采水口选址条件

为尽可能采集到代表性的样品，真实反映水质状况和变化趋势，同时保证采水设施安全和维护便利，采水口选址应该满足以下条件：

（1）在不影响航道运行的前提下，采水点尽量靠近主航道；

（2）取水口位置一般应设在冲刷岸，不能设在河流（湖库）的漫滩处，避开湍流和容易造成淤积的部位，丰、枯水期离河岸的距离不得小于10 m；

（3）取水口处应有良好的水力交换，河流取水口不能设在死水区、缓流区，回流区；

（4）取水点设在水下 0.5～1 m，但应防止地质淤泥对采水水质的影响。

2.3 断面类型与代表性

为确保水质自动监测系统建设能满足上述的原则和条件，使系统能长期、稳定、准确的运行，水站点位的选择上须严格按以下程序执行：

（1）水站根据确定的监测目的和断面的功能，初步拟订建设自动站的点位方案，每个自动站应提出 2～3 个备选方案，拟建点位原则上是在手工监测断面位置；

（2）评价预选点位的历史监测数据，分析原监测点位的水质是否符合监测目的和监测断面的水质代表性；

（3）各级环境监测（中心）站应按照自动监测站点位的选择要求，对拟建点位的地理、地质条件的实地勘察，初步判断是否符合包括站房建设、“四通一平”以及取水工程等方面的建站条件；

（4）对符合要求的点位进一步对相应的水文、水质和当地气候情况进行调查和分析，在此基础上，环境管理部门应组织专家进行现场考察认定，并将考察结果报环境管理部门审批。

2.4 点位勘察论证

根据不同水质情况及断面性质，水站建设须经过详细的现场勘察和论证。各地应根据新建水站的选址原则，结合现场勘察情况，提出 2～3 个拟选站址的方案，每个方案都应准备论证材料一份，每份论证材料均须包括以下内容：

（1）新建水站基础信息表。包括基础条件（“四通一平”等）、水系水文情况、采水口情况等。

（2）新建水站站房和采水口周围污染源信息（应单独形成一个文本）。包括污染源（点源和面源）的主要污染指标与排放量等必要信息，并附地图标注污染源与拟建地点采水口的位置与距离。

（3）拟建地点图集（应单独形成一个文本）。包括拟建地点和采水口位置与周边，河流上下游的照片。

（4）拟建地点采水口与原考核断面水质比对报告。比对指标包括 pH、溶解氧、氨氮、高锰酸盐指数、总氮和总磷（湖库增加叶绿素 a）；比对监测频率不低于每天 1 次，至少连续 5 d；各指标应选用《国家地表水环境质量监测网监测任务作业指导书（试行）》规定的方法进行分析。

3 站房建设要求

3.1 站房的组成

站房需保证水站系统长期、稳定运行，包括用于承载系统仪器、设备的主体建筑物和外部配套设施两部分。其主体建筑物由仪器室、质控室和值班室（在满足功能需求的前提下，可根据站房实际条件对各室进行调整合并）组成，根据具备功能区（仪器室、质控室、值班室）以及面积的不同分为固定式站房、简易式站房、小型式站房。外部配套设施是指引入清洁水、通电、通信和通路，以及周边土地的平整、绿化等。

3.2 站房要求

3.2.1 主体建筑物要求

（1）固定式站房总面积应大于 100 m^2，内部应设有仪器间、质控间以及生活间等功能区。

（2）简易式站房其内部设有仪器间、质控间及生活间等功能区，且满足总面积大于 40 m^2 的要求。

（3）小型式站房其内部一般只能安装一套地表水水质在线监测系统，且满足总面积约为 10 m^2 的要求。

（4）对于固定式站房地基，采用独立地基，基础持力层为老土层，要求地基承载力特征值为 180 kPa，地面粗糙度为 B 类。而对于小型式、简易式站房地基，则现场地基应采用混凝土预先浇注，厚度不低于 30 cm。遇软弱地基时做相应的地基处理。

（5）站房外地面要求平整，周围应干净整洁，有利于排水，并有适当绿化，应有防鼠、防虫措施。对于简易式、小型式站房而言，还需在站房外设置防护栅栏，设置门锁和相关警示标志。

3.2.2 辅助设施要求

3.2.2.1 站房供电要求

（1）供电负荷等级和供电要求应按现行国家标准《供配电系统设计规范》

（GB 50052）的规定执行。

（2）水站供电电源使用 380 V 交流电、三相四线制、频率 50 Hz，电源容量要按照站房全部用电设备实际用量的 1.5 倍计算。

（3）电源线引入方式符合国家相关标准，穿墙时采用穿墙管。施工参考《建筑电气工程施工质量验收规范》（GB 50303—2002）。

（4）在监测仪器室内为水质自动监测系统配置专用动力配电箱。在总配电箱处进行重复接地，确保零、地线分开，其间相位差为零，并在此安装电源防雷设备。

（5）根据仪器、设备的用电情况，在 380 V 供电条件下总配电采取分相供电：一相用于照明、空调及其他生活用电（220 V），一相供专用稳压电源为仪器系统用电（220 V），另外一相为水泵供电（220 V）。同时在站房配电箱内保留 1～2 个三相（380 V）和单相（220 V）电源接线端备用。

（6）系统应配备 UPS 和三相稳压电源，功率应保证突然断电后各自动分析仪能继续完成本次测量周期。

（7）电源动力线和通信线、信号线相互屏蔽，以免产生电磁干扰。

（8）小型站及特殊无法使用市电供电站房平台，供电采用风光互补方式，将风力和太阳能发电产生的电量储存在免维护太阳能胶体蓄电池内。供电设备包括风力发电机、光伏发电板、充电控制器、胶体免维护蓄电池。其电源容量也需大于全部耗电设备实际用量的 1.5 倍以上。

3.2.2.2 站房供水要求

（1）站房应根据仪器、设备、生活等对水质、水压和水量的要求分别设置给水系统。

（2）站房内引入自来水（或井水），必要时加设高位水箱。自来水的水量瞬时最小流量 3 m^3/h，压力不小于 0.5 kg/cm^2，保证每次清洗用量不小于 1 m^3。

3.2.2.3 站房通信要求

（1）固定站房网络通信建设应以光纤/ADSL 有线网络传输为主，现场条件不具备的情况下，可选用无线网络进行传输，站点现场应通过手机等通讯设备进行通话测试，通信方式应选择至少两家通信运营商，无线传输网络（固定 IP 优先）应满足数据传输要求及视频远程查看要求，传输带宽不小于 20 M。

（2）水上固定平台通信在没有运营商网络覆盖的情况下，可采用微波中继等辅助传输方式。

3.2.2.4 站房防雷要求

（1）站房防雷系统应符合现行国家标准《建筑防雷设计规范》（GB 50057）的规定，并应由具有相关资质的单位进行设计、施工以及验收。

（2）水站内集中了多种电气系统，需预防雷电入侵的主要有 3 种途径，包括电源系统、通道和信号系统、接地系统。

3.2.2.5 站房安全防护要求

（1）站房耐火等级应符合现行国家标准《建筑设计防火规范》（GB 50016）的规定。

（2）站房与其他建筑物合建时，应单独设置防火区、隔离区。

（3）站房应设火灾自动报警及自动灭火装置；火灾自动报警系统的设计应符合现行国家标准《火灾自动报警系统设计规范》（GB 50116）的规定；配置的自动灭火装置，需有国家强制性产品认证证书。自动灭火装置触发可靠，灭火时间短，灭火干粉对人和仪器无损害，体积美观实用，与站房和仪器系统整体协调。

（4）站房内应配置感烟探测器；为防止感烟式探测器误报，宜采用感烟、感温两种探测器组合。

（5）站房内使用的材料需为耐火材料。

（6）站房应设置防盗措施，门窗加装防盗网和红外报警系统，大门设置门禁装置。

（7）抗震：场地地震基本烈度为7°，抗震按7°设防，设计基本地震加速为0.10 g，设计特征周期为0.35 s，设计地震分组第一组，建筑物场地土壤类别为Ⅱ类。

（8）对于水上固定平台的外围一周布设防撞桩，数量不少于12根。防撞桩直径应不小于4 cm，防撞围栏与平台台面的间距应不小于2 m。

（9）水上固定平台需配备相应的警示标志，以防止非相关人员登陆、靠泊，有行船的水域需配备符合海事规范要求的具有独立太阳能供电的航标灯。

（10）水上固定平台采用的钢结构、围栏、防护栏杆等需采用抗紫外老化、抗锈蚀的材质，金属材质表面应采取热镀锌、刷防锈漆等防锈措施。

3.2.2.6 站房暖通要求

站房结构需采取必要的保温措施，站房内有空调和冬季采暖设备，室内温度应当保持在18～28℃，湿度在60%以内，空调为立柜式冷暖两用，功率不低于2匹，适用面积不低于30 m^2，具备来电自动复位功能，并根据温度要求自动运行。在北方寒冷地区应配备电暖气等单独供暖设备，保障室内设备的正常工作。

3.2.2.7 站房装修要求

（1）仪器室要求。

①仪器室内地面应铺设防水、防滑地面砖，离地1.5 m高度以下铺设墙面砖，并在室内所需位置设置地漏，仪器摆放顺序从远离配电系统可分别为五参数/预处理单元、氨氮、高锰酸盐指数、总磷、总氮、其他特征污染物仪器及主控制柜。

②监测系统采水和排水：仪器室内预留30 cm深地沟，地沟上面加盖板（需便于取放），地沟的地漏和站房排水系统相连。

③电缆和插座：配电箱中预留一根 ϕ50 聚氯乙烯线管到地沟中，四周墙上预留五孔插座，墙上的五孔插座高于地面不少于 0.5 m。

预留空调插座，空调插座距吊顶或顶部 0.5 m。配电箱预留五芯供电线路至自动监测系统控制柜位置。

④排风扇：仪器室应安装排风扇，若有吊顶，则可做在吊顶上，电源线引至配电箱中。

⑤站房吊顶：根据站房建设情况可安装吊顶，站房内空高度应在 3.2 m 以上。

(2) 质控室要求。

质控室内应至少配有防酸碱化学实验台 1 套（1.5～2 m）和 4 个实验凳，台上可以放置实验室对比仪器，配备冷藏柜以便于试剂存放。备有上下水、洗涤台。

①实验台：主架采用 40 mm×60 mm×1.8 mm 优质方钢，表面经酸洗、磷化、均匀灰白环氧喷涂，化学防锈处理，台面选用复合贴面板台面（1 mm 厚酚醛树脂化学实验用专用板）、实芯板台面（12.7 mm 厚酚醛树脂板化学实验用专用板）或环氧树脂台面（20 mm 厚），具备耐强酸碱腐蚀、耐磨性、耐冲击性、耐污染性要求，底座可调节。

②洗涤台：主架与台面应与实验台保持一致，洗涤槽采用 PP 材料，水龙头采用两联或三联化验水龙头，底座可调节。

③上水：水管采用 PPR 材质，热熔连接，不渗漏。

④下水：实验区排水全部采用防腐蚀耐酸碱材质（PP），达到排水不渗漏不腐蚀。

⑤插座：实验台处预留至少 2 个五孔插座，实验台处五孔插座及灯开关高于地板 1.3 m。

⑥冷藏柜：应配备冷藏容量不小于 120 L 的冰柜一台。

(3) 值班室要求。

值班室主要用于站房看护人员使用，一般不小于 30 m^2。值班室应配备一台空调（变频冷暖 1 匹）、值班用办公桌一张、椅子两把。考虑到工作人员在水站工作的方便，建议修建卫生间（厕所）。其他设施可根据需要考虑。

3.2.2.8 视频监控单元技术要求

视频监控单元由前端系统、传输网络和监控平台三部分组成，可远程监视水质自动监测站内设备（采水单元、自动监测分析仪器、供电系统、数据采集及传输系统等）的整体运行情况，观察取水工程（取样水泵、浮台等）工作状况，水站周边的水位、流量等水文情况，同时也可观察水站院落、站房、供电线路等周边环境。其中，前端系统主要对监控区域现场视音频、环境信息、报警信息等进行采集、编码、储存及上传，并通过客户端平台预置的规则进行自动化联动；传输网络主要用于前端与平台、平台之间的通信，确保前端系统的视音频、环境信息、报警信息可实时稳定上传至监控中心；监控平台主要用于对监控设备的控制和满足用户查看环境信息、视音频资料。

3.3 站房运行维护

3.3.1 总体要求

地表水水站自动监测站站房运行维护包括例行维护、保养检修与维护记录等。

3.3.2 维护要求

3.3.2.1 例行维护

例行维护包括站房基础设施检查、配套设施检查。运维维护主要是定期对水站站房及配套设施进行巡检检查，巡检检查可与水站运维巡检相结合进行，并记录巡检检查情况。对水站巡检检查时进行以下工作：

检查站房基础设施，检查站房设施完整性及状况（周边环境、站房主体、门窗密闭、站房外观、供电线路、光纤线路、供水设施情况等）。

检查站房配套设施情况，主要包括：安防设备、照明设施、消防系统、室内设备供电单元、室内温控单元、室内外监控单元、化验设施、生活设施等。

3.3.2.2 保养检修

根据地表水水质自动站站房外部环境状况，在规定的时间对站房基础设施进行预防性的检查、维修。站房保养检修工作不能够影响到水站正常运行。水站站房保养检修根据情况每年不低于一次进行检修。主要工作如下：

（1）检查站房避雷设施情况，避雷设施根据情况进行防锈处理。每年进行一次防雷检测。

（2）检查防火设施有效期、压力表等，确保防火设施正常、有效。

（3）检查空调功能是否正常，制冷剂是否需要添加，并定期清洁滤网。

（4）检查站房屋顶防水情况，根据实际情况进行防水修缮。

（5）检查站房主体结构情况。

（6）检查站房仪器间排水槽情况。

（7）检查供水系统的工作运行情况，并对水泵进行养护或者更换。

（8）做好保养检修工作记录，重要的工作内容拍照留档。

3.3.3 记录

在自动站监测系统运行中，例行维护、保养检修等进行记录，保证涉及更新工作内容的记录完整、全面、准确。对出现的问题和处理描述需翔实、连续、有结论或有处理的结果。

3.4 建设质量保证与质量控制

3.4.1 质量目标

在施工过程中，将严格按照国家现行施工质量验收标准进行质量控制，确保单位工程一次验收合格率100%。

3.4.2 质量保证

（1）选择有技术资质的设计、承建单位。

（2）有设计图纸、施工方案和技术措施。

（3）选择合格的材料或半成品（带质检报告）。

（4）有关键工序质量检验报告。

（5）如有设计变更、修改图纸，需设计方核定。

（6）有质量问题的处理报告。

（7）有隐蔽工程的检验报告。

3.4.3 质量控制

项目质量控制是指审核有关技术文件、报告、报表或直接进行现场检查，包括但不限于下列内容：

（1）审核有关技术资质证明文件。

（2）审核设计图纸、施工方案和技术措施。

（3）审核有关材料、半成品的质量检验报告。

（4）审核关键工序的质量检验报告。

（5）审核设计变更、修改图纸的核定单。

（6）审核有关质量问题的处理报告。

（7）审核隐蔽工程的检验报告。

（8）现场检查是否按设计要求、施工方案、技术措施严格执行。

4
采 水 单 元

采水单元的设置应因地制宜，针对不同情况采用最适用的采水方式，确保采集到的断面水样具有代表性，同时保证水样在传输管路中不发生物理、化学性质的变化。

4.1 基本要求

采水单元应结合现场水文、地质条件确定合适的采水方式，符合《地表水和污水监测技术规范》(HJ/T 91)，保证运行的稳定性、水样的代表性、维护的方便性。

(1) 采水单元由采水构筑物、采水泵（根据实际情况选择潜水泵或自吸泵）、防堵塞装置、采水管路、保温配套装置（根据气候条件配置）、清洗配套装置、采水管道反冲洗装置及自动采样设备组成。

(2) 采水单元需要充分考虑水位落差对采水的影响，避免采水口设置在死水区，采水装置能够随水位的变化而变化，保证采水头的进水孔位于水表面以下 0.5～1 m 的位置，并与水体底部有足够的距离（枯水期>1 m)，确保不受水体底部泥沙的影响。采水头四周安装隔离栅阻挡水面漂浮物，且采水头用不锈钢材质有效抑制藻类孳生。

(3) 采水单元采用双泵、双管路、双缆线设计，互为备用，保证采水单元的可靠性，满足实时不间断监测要求，具有采水故障自动诊断并自动切换备用采水泵功能。

(4) 采水管道应具备防冻与保温功能，采水管道配置防冻保温装置，以减少环境温度等因素对水样造成影响。

(5) 采水管道材质应有足够的强度，可以承受内压，且使用年限长、性能可靠、具有极好的化学稳定性，不与水样中被测物产生物理和化学反应，避免污染水样。

(6) 采水管道应具有防意外堵塞和方便泥沙沉积后的清洗功能，其管路采用可拆洗式，并装有活接头，易于拆卸和清洗。

(7) 采水管道应有除藻和反清洗设备，可以通入清洗水进行自动反冲洗。通过自动阀门切换可以将清洗水和高压振荡空气送至采样头，以消除采样头单向输水运行形成的淤积，防止藻类生长、聚集和泥沙沉积。

4.2 水样采集设备及要求

4.2.1 采水泵

4.2.1.1 水泵选择的基本原则

一般选用清水潜水泵；当监测水体浊度过大时，应选择污水潜水泵。

当取水头位置与站房的高差小于 8 m 或平面距离小于 80 m（没有高差时）一般选用离心泵，否则应选用潜水泵。

应综合考虑采水单元采水泵的选择，需满足水质监测系统运行所需水量、水压，根据现场采水距离、水位落差配置相应功率的采水泵。

4.2.1.2 采水泵功能要求

输水压力要求：压力设计要充分考虑现场的采水距离和扬程落差，应保障水样顺利输送到站房内，同时还要留有一定的余量。

输水量要求：根据系统正常上水的要求，泵的供水量宜为 1～4 t/h。

性能特点：选用的材质应适应环境需要，做到防腐、防漏。

4.2.2 采水管道

采水管道材质应有足够的强度，可以承受内压和外载荷，具有极好的化学稳定性、重量轻、耐磨耗和耐油性强。

4.2.2.1 采水管路设计

采水单元采用双泵双管路配置设计（潜水泵或离心泵），一用一备，满足实时不间断监测要求，并在控制单元中设置自动诊断泵故障及自动切换泵工作功能。

采水管路配有管道清洗、防堵塞、反冲洗等设施，并在取水管道设有压力监控装置，控制单元通过该装置实时监控采水单元的运行状态。

4.2.2.2 采水管路清洗设计

采水管路清洗设计应具有管道反冲洗和自动排空管道功能，采水完成后系统自动排空管道并清洗，清洗过程不对环境造成污染。除藻装置可以定期自动或手动操作，配合清洗水和压缩空气，通过控制总管路及配水管路的电动阀门，可分别对外部采水管路和内部配水进行反冲洗，以防止管路堵塞并达到对管路的除藻作用。

4.2.2.3 管路铺设

为保证水管、线管等管路施工操作方便，开挖宽度不小于 0.5 m，深度一般不小于 0.5 m，冰冻地区开挖深度应满足当地防冻深度需求，管路预埋在开挖渠内靠站房并高于河涌一侧，且中间渠内无 U 字形地平。

采水管、线预埋件从站房布设至采水点岸边，采用两组镀锌钢管（管径 DN100，厚度 3.5 mm 及以上）作为保护套管，对部分深度不满足要求的，管路两头终端进出接头处采用防冻材料保护，同时管道上层做好防误挖保护（如砖块、预制板）。

管路铺设后应保证水路通畅无泄漏，电路接头安全可靠并做防水处理，采用细土缓慢回填至管路上方并轻度夯实；回填后对管路施工铺设处做好施工警示，防止其他施工误挖，保证管路使用安全。

4.2.2.4 管路材质要求

根据现场具体情况建设适应当地条件的采水管路，使用三型聚丙烯、硬聚氯乙烯等耐用、耐热、耐压、环保的材质。

4.2.3 保温、防冻、防压、防淤、防藻要求

4.2.3.1 保温要求

可根据保温层材料、保护层材料以及不同条件和要求，选择不同的隔热结构。

保温结构具有足够的机械强度以防止压力损坏，结构简单、施工方便、易于维修、拥有良好的防水性能等特点。

4.2.3.2 防冻要求

采水管路布设分为地面段和埋地段。地面段管路通过外层敷设伴热带和保温棉实现保温和防冻功能；埋地段管路通过将管路敷设于当地冻土层以下，对管路起到防冻作用；也可采用深埋和排空方式。

在采水管道经过水面冰冻层的一段，应安装电加热保温层，并有良好的防水性能。

4.2.3.3 防压要求

过路段管路应将管路敷设于预留的管线地沟内，上部设置水泥盖板防止人为踩踏；埋地管路置于镀锌钢管内。

4.2.3.4 防淤、防藻要求

确保采水管道铺设平滑并具有一定坡度，尽可能减少弯头数量，避免管道内部存水。

在系统设计时，设置反冲洗装置，以防止淤泥沉积和藻类聚集。

4.3 安全措施

在航道上建设采水构筑物应能长期稳定安全运行，可通过在采水构筑物周围设置红色浮球防护圈，并设置航标灯以实现安全保护功能。浮球及取水部件既要减少影响航运，又能保护自身安全，特别是采水单元，应设置防撞和防盗措施，具体可在浮球顶端设置标准航标灯，并安装视频监控装置，实时监视取水口状态。

4.4 采水单元设施的基本类型和特点

在采水单元设施建设中，应因地制宜采取不同的采水方式。根据不同采水方式的结构特点可分为栈桥式采水、浮筒/船/浮标式采水、悬臂式采水、浮桥式采水、拉索式采水等，见表 4－1。

表 4－1　不同类型采水方式

序号	采水方式	适用场合
1	栈桥式	可永久性、有效防洪的河道断面，具备建设栈桥条件的场合使用
2	浮筒/船/浮标式	适用各种环境，可适用于水流急、浅滩长、水位有一定变化的湖库、河道等监测断面
3	悬臂式	具备此采水方式的建设条件使用，一般适用于水流急、漂浮物多、水位有一定变化的河道监测断面
4	浮桥式	适用于湖库等水流缓慢的监测断面
5	拉索式	具备此采水方式的建设条件使用，具备对河道监测断面的多点位监测

4.4.1 浮球式

自吸泵采水适用于采水点年水位最低点距离站房地面垂直距离小于 6 m、水平距离小于 30 m 的河流。采用自吸泵采水，自吸泵可放置站房内，也可置于站房外，既便于安装维护，又避免了因为安装潜水泵造成的固定难、提升检修难、容易栓挂浮游物、容易被船只碰撞损毁和容易被颗粒物和水中生物进入阻碍泵体叶片运转等问题。自吸泵采水头采用不锈钢浮球，浮球可以方便灵活的安装，通过对水面浮力精确计算后设计浮球尺寸，保证采水头跟随水位的变化保持在水面下 0.5 m（见图 4－1）。

4.4.2 浮筒式

浮筒采水应用于水位变化大，水域面积开阔的大型河流。

浮筒须采用不锈钢材料制作，防止水体腐蚀，并保证对水泵起到长期安全防护

图 4－1　浮球＋自吸泵采水实例图

作用。浮筒周身有肋骨结构，起支撑和承重作用。肋骨间焊接不锈钢滤网，孔径 200 μm，防止杂草和大颗粒物进入。浮筒内栓挂潜水泵，连接处做妥善处理，保证管路和电缆不因磨损而损坏。浮筒上部有泡沫浮层，便于水位突然上涨时，浮筒通过浮力减轻水流对箱体的冲击。

浮筒采水使采水口能够随水位变化，保证采水水管的进水孔位于水边面以下 0.5～1 m 的位置，并与河底保持一定距离，保证采集到具有代表性的符合监测需要的水样，又要保证采水头的连续正常使用。浮筒具有阻挡水体中拦网过滤的功能，防止水体中的大型垃圾进入进水口而堵塞。浮筒设计方便人工或自动提升与安装，便于人工的日常清洗和维护。

浮筒采水构筑物设置尽可能与站房平齐位置，于河提上距离最高水位 2 m 位置倒置一座钢筋混凝土，采水浮筒、采水管线、船锚、钢索和水泵进行组合成采水装置。浮筒上方安装有警示标志，采水装置铺设河道位置既不能影响航道又能满足采水正常（见图 4－2）。

4.4.3　浮船式

浮船式采水应用于水位变化大，水域面积开阔的大型河流。

浮船采用专门为水质监测而设计的船体，该船体结构如图 4－3 所示，船体为不锈钢结构，尺寸为 1.45 m×0.7 m×0.7 m，无动力，船体钢板厚度为 4 mm，甲板为 4 mm 花纹板。

挂泵区（双泵）前后左右均安装不锈钢滤网，底部用厚度 6 mm 以上不锈钢板，防盗安全门也应用不锈钢材料制作。凡与水体、空气直接接触的船体部位，船体结

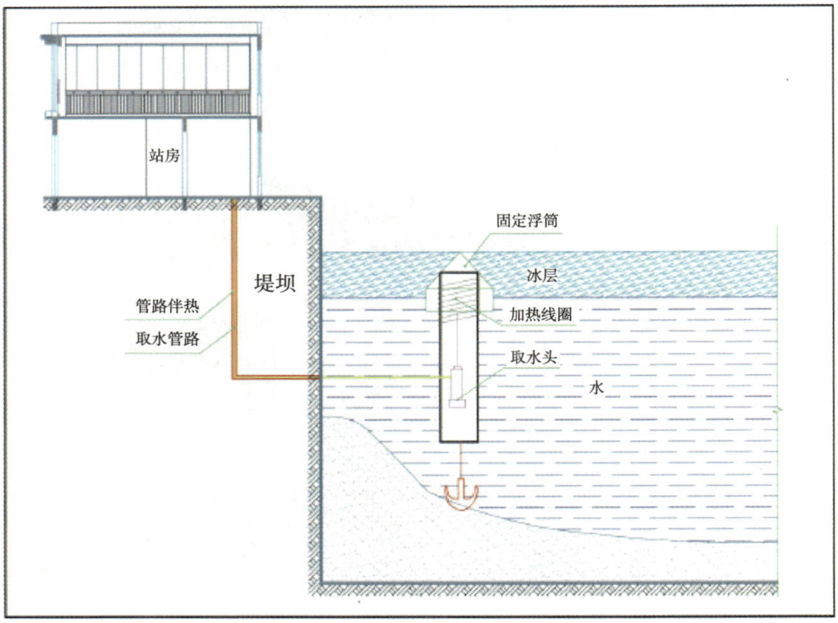

图 4－2　浮筒采水参考示意图及实例图

构材料均用不锈钢材料，防止造成酸碱腐蚀和空气氧化腐蚀。

浮船前后左右设计四个独立的密封浮筒，起平衡作用，不会侧翻，可有效防止浮船因意外撞击而翻沉并可以在 7 级风浪中保持平稳。水站所在河段有过往船只的，在采水浮船上加装一根同水泵电源线型号相同的 $2\times2.5\ mm^2$ 电缆，或在浮船上加装太阳能板，用于夜间安全照明，或在船头安装航标灯，能在夜间发出红光，防止夜间行船等与浮船相撞。

配合放置潜水泵，船体上安装两个浮筒，浮筒的底部开有网孔，可以防止水中杂物进入。浮桶安装位置确保采水位置在水下 0.5 m 左右。放浮筒处船甲板安装铁板并可上锁，这样可以水泵安装进去之后上锁，起到很好的防盗作用。

船体上设置一个警示牌，刷反光漆起警示、防盗作用。另外，船头安装航标灯，能在夜间发出红光，防止夜间行船等与浮船相撞。

浮船可在河流水位变化幅度在 10～35 m 或更大范围，流速在 5 m/s，枯水期水深在 0.5 m 左右的河道上使用。相关图纸如图 4－3、图 4－4 所示，实例图如图 4－5所示。

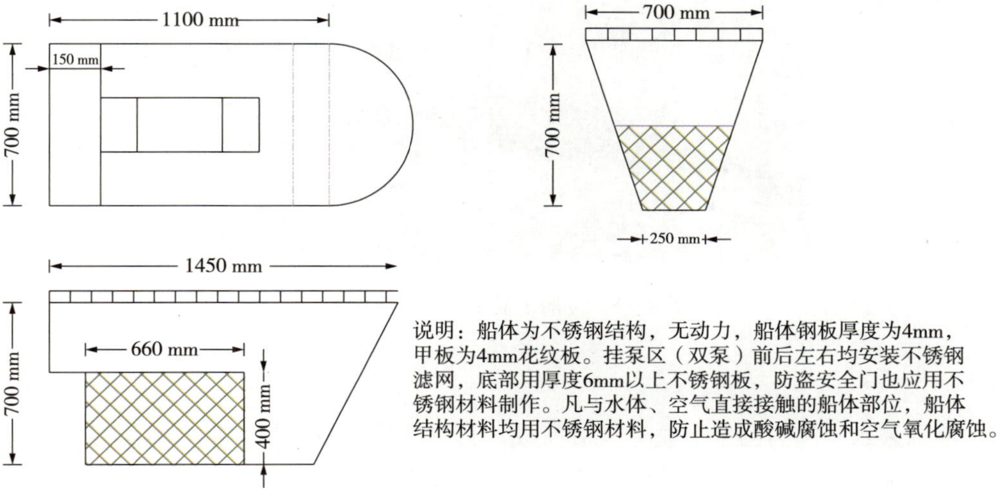

图 4－3　浮船设计图

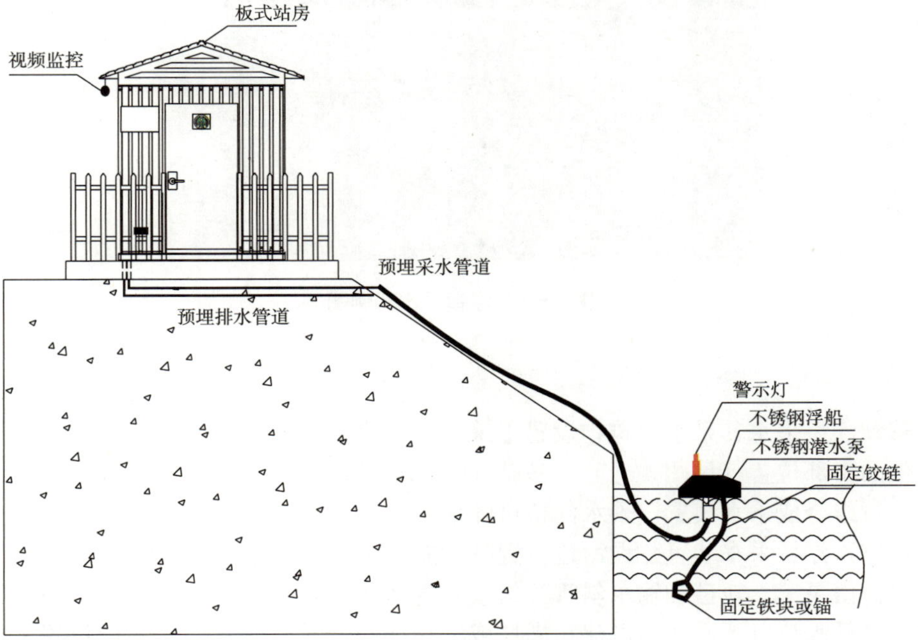

设计说明：
1. 采水取用双管双泵，一备一用；
2. 排水设置于源水的下游，20 m以上的距离；
3. 现场供电、供水、排水等，根据现场状况拟订方案，再进行施工。

图 4－4　浮船与潜水泵方式采水示意图

图 4-5　浮船十潜水泵采水实例图

4.4.4　浮标式

浮标采水设施为圆锥形航标改造而成，具有防撞、抗强风浪的特性，带航标指示灯。移动式浮标采水方式适用于江河、湖泊、水库等水深较大且水位变化较大水流速较急的监测断面（见图 4-6）。

图 4-6　浮标采水实例图

4.4.5　移动浮桥式

移动浮桥采水其采水构筑物设置于采水断面水面，多个基础柱设置于最低至最高水位的中部位置（见图 4-7）。基础柱、钢索、浮桥、采水浮筒、采水管线和采水泵进行组合成采水装置。采水浮桥可随水位变化上下自由浮动。采水浮桥上安装警示标志，浮桥采水装置建设河道位置既不能影响航道又能满足采水正常。

浮桥由泵车、轨道和输水斜管等组成，卷扬机应设在最高水位以上，缆车轨道应伸入最低水位以下，轨道可建在岸坡或采用架空斜桥，输水斜管上应设置叉管接口，可按水位高低承接压水管。

4.4.6　栈桥式

栈桥式采水方式适用于可永久性、有效防洪的河道断面，仅限于具备建设条件的场地使用。

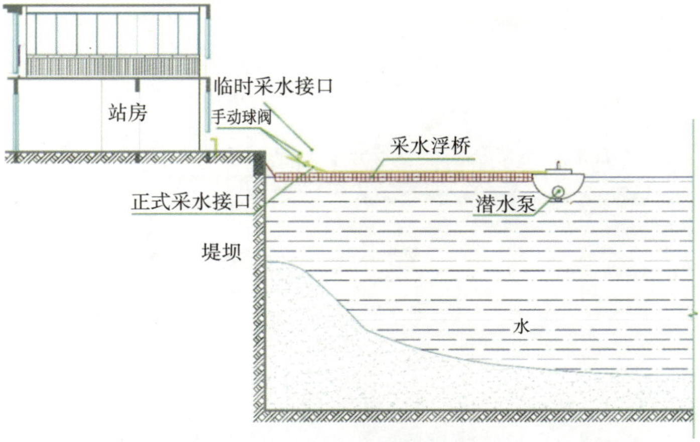

图 4－7　移动式浮桥实例图

栈桥式采水设施，适用于河床变化大，但水位变化不大，且水深也不大的监测断面，采水装置可随水位的变化上下浮动，结合电动葫芦可控制上下自由移动，采水装置可在栈桥之上进行维护。

固定式栈桥采水其采水构筑物设置尽可能与河提平齐位置。栈桥由采水导杆、采水浮筒、采水管线、升降电机、钢索和水泵组合成采水装置。栈桥上安装有警示标志，采水装置铺设河道位置既不能影响航道，又能满足采水正常（见图 4－8）。

4.4.6.1　栈桥设计说明

（1）栈桥主体为钢结构，河堤处桥面“▽±0”以下为钢结构基础（岸基）。桥面伸出长度在满足采水要求基础上进行优化选择；桥面主体及加工固件以焊接为主，桥面采用国标“80×3（mm）”方钢，提高抗扭曲力。

（2）柱桩采用“80×3（mm）”镀锌钢管，内部贯入“$\phi16$”螺纹钢，并灌注混凝土提高整体支撑强度；支柱间距不大于 5 m。

（3）钢件之间用焊接和螺纹连接；钢结构与混凝土之间采用预埋件连接。

（4）护栏为满足安全所需及外观要求，护栏为 DN50 钢管，地角焊接。

（5）栈桥牢固可靠，保证能防止 50 年一遇的洪水。

图 4-8　栈桥采水实例图

（6）对呈强酸、碱性水体的水站，栈桥入水构件进行抛光喷涂防腐材料处理，避免强酸、强碱腐蚀和氧化锈蚀。

（7）栈桥宽度 1 m 以上，护栏高度不低于 1.2 m，桥面采用防滑钢板，满足使用要求的同时大大增加了美观性；支撑立柱间距不超过 5 m。

（8）导轨应稳定牢固，防冲撞立柱应为钢结构。

（9）栈桥在堤岸一端台阶加装扶手与护栏连接，方便工作人员上下，护栏临堤岸一端及临河一端安装向护栏内方向开启的活动门，并加锁防止外人擅自进入。

（10）栈桥前端加装警示标志和警示灯，警示标志有“有电危险、注意安全、环保设施严禁攀爬损坏和非工作人员不得入内”等字样。

4.4.6.2 技术特点

栈桥在水站建设中的应用越来越被用户所认可，所体现的意义越来越重要。栈桥架设体现的技术特点如下：

（1）栈桥的架设，很好地保护了采水点附近的环境，为水样真实性提供了保障，同时明显的警示标志也避免了采水点遭受破坏；

（2）栈桥的架设，方便了采水装置的安装规范，提供了有效的防护手段；

（3）栈桥的架设，是超声波水位计准确测试的最佳安装方式；

（4）栈桥的架设，大大方便了采水单元的人员维护操作。

4.4.7 悬臂式

悬臂式采水仅限于具备建设条件的场地使用，适用于水流急、漂浮物多、水位变化一定范围的河道监测断面，维护方便。采水设施为镀锌钢管加工而成，具有防撞、抗强风浪特性。此采水方式适用于江河河道相对规整，水流速较急的监测断面。采样头可以随一定的水位变化而上下浮动，便于维护（见图 4－9、图 4－10）。

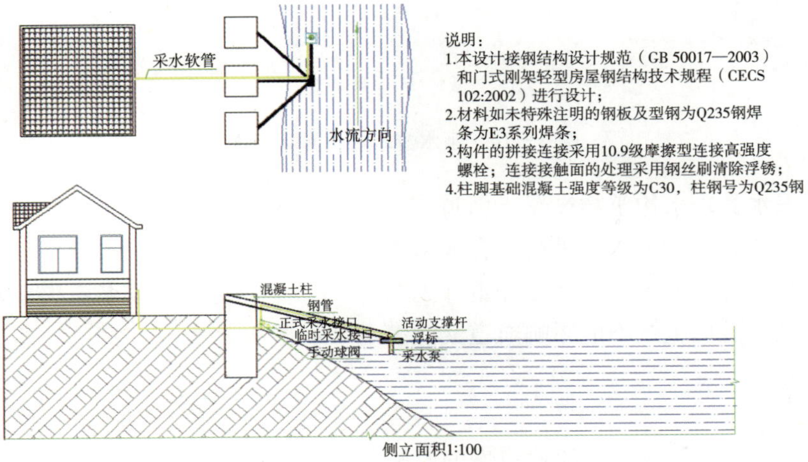

图 4－9 采水器水面位置运行图

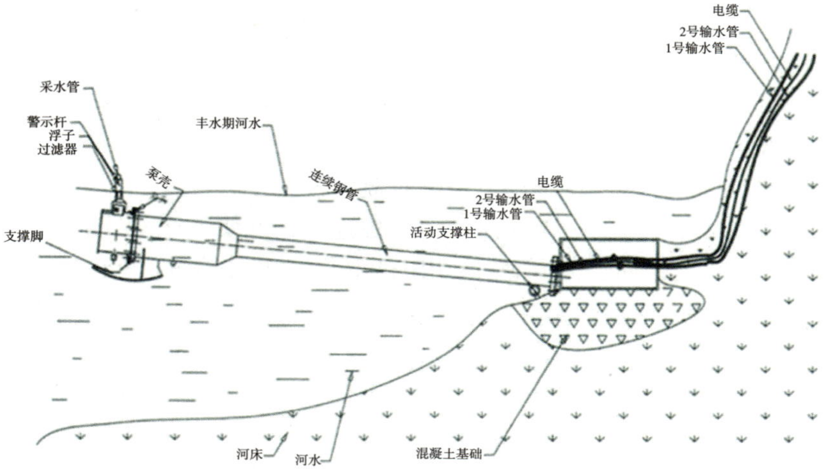

图 4－9（续）

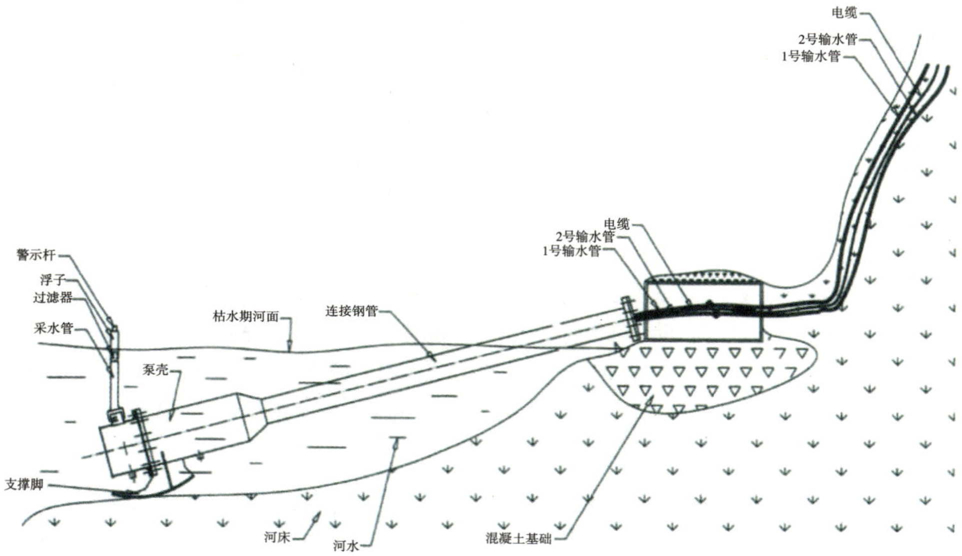

图 4－10　采水器水底位置运行图

悬杆采水其采水构筑物设置于河道或湖库边，由采水浮标、采水导杆、采水管线、水泥墩子、钢索和水泵进行组合成采水装置，采水浮筒和采水导杆通过钢索连接保证采水装置不因水流速而被冲走（见图 4－11）。浮标上方安装有警示标志，采水装置铺设河道位置既不能影响航道又能满足采水正常。

4.4.8　缆车式

缆车采水仅限于湖库水流速缓慢的监测断面，仅限于具备建设条件的场地使用，具备对河道监测断面位置的多点监测。拉索索道的两个支撑点建立在河道两端的河床

图 4－11 悬臂式采水安装图

位置，采水浮筒可以通过电机控制于河道断面任意点采水（见图 4－12～图 4－14）。

移动式拉索采水其采水构筑物设置于采水断面河道两端位置。基础立柱、钢索、滑轮、牵引电机、采水浮筒、采水管线和采水泵进行组合成采水装置，具备整个断面任何采水点进行采样。采水浮筒可随水位变化上下自由浮动。采水浮筒上安装警示标志，拉索采水装置建设河道位置既不能影响航道又能满足采水正常，此采水方式适用于无通航断面。

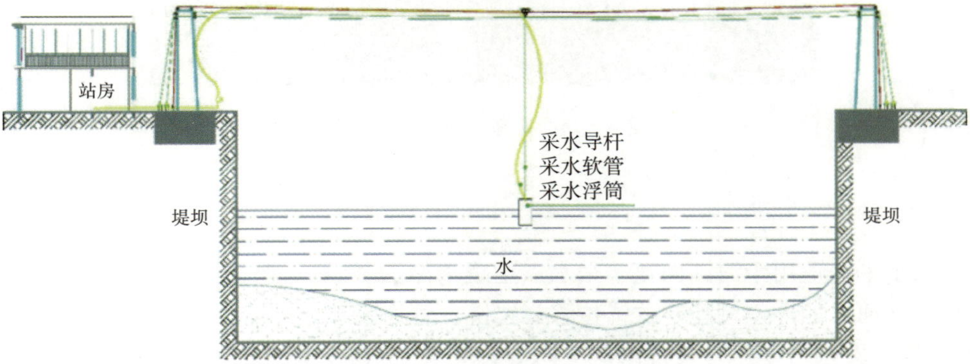

图 4－12 支持架构图

图 4-13　牵引绳实物图

图 4-14　缆车采水实际应用图

4.4.9　采水平台式

采水平台适用于河湖面宽、采水点位距离岸边较远、滩涂多、河岸不规整、流速较小（河水的冲刷可能导致锚位移，锚链，管道脱节，浮船倾覆）、水深变化较大（会导致河宽剧烈变化，栈桥修建工作量太大）、杂物少（维护困难）或河流改道现象比较频繁的情况。

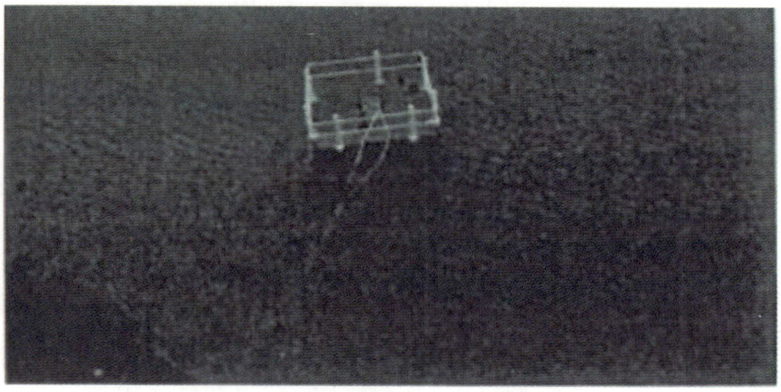

图 4-15　采水平台采水应用图

4.4.10 桥墩式

桥墩式采水适用于以已有的桥梁桥墩为基础进行建设，适用于河床变化不大，且水位变化不大（5 m 以内），水深也不大（10 m 以内）的监测断面，建设成本低，且稳定可靠，但是该方法适用性不广。

图 4-16 桥墩式采水应用图

4.4.11 汲水井式

汲水井适用于水位浅、水流不急、溪流的情况。

图 4-17 汲水采水应用图

4.5 采排水单元运行维护

4.5.1 总体要求

地表水水质自动监测站采排水单元运行维护包括例行维护、保养检修、故障检修、停机维护与维护记录等。

4.5.2 维护要求

4.5.2.1 例行维护

例行维护包括采样环境检查、采样设备检查、采样设施检查、管路线路检查、排水系统检查、供电检查等工作。定期对水站采排水单元进行例行巡检检查，其中例行巡检检查分为周、月、季进行，并填写相应维护记录。

周巡检每次对水站巡检检查时进行主要工作见表 4－2。

表 4－2 水站周巡检检查主要工作

维护对象	检查维护内容
采样点	①检查周边环境，清除周边杂物 ②检查采样点断面情况 ③检查采样深度是否具有代表性
采样设备	①检查水泵工作状态 ②检查泵体清洁、内部风叶运转
采样装置	①检查采样设施是否正常，主要检查采样浮船、采样浮筒、采样浮标、采样栈桥、采样装置（悬臂式、浮桥式、拉锁式）工作情况 ②检查采样设施铭牌、警示装置等设施的固定情况和完整情况
系统供电	检查系统控制柜水泵供电线路是否正常、接地线是否可靠
排水设施	①检查站房仪器间地槽排水情况 ②检查站房外排水管路出水情况

月巡检每次对水站巡检检查时进行主要工作见表 4－3。

表 4－3 水站月巡检检查主要工作

维护对象	检查维护内容
采样设备	①检查水泵电线路连接情况，检查水泵管理连接情况 ②如水站采用单泵运行，则每月通过系统操作更换使用水泵
采样管线	①检查采样点水泵与管线连接处是否异常（管路打折、裸露、保温设施等情况，线路裸露、破损等情况） ②检查采样点到站房之间采样管路与供电线路周边情况
关键参数检查	根据采水技术要求，每月对采水单元的关键参数水压、水量进行测试，并记录

季巡检每次对水站检查时进行主要工作见表 4－4。

表 4-4 水站季巡检检查主要工作

维护对象	检查维护内容
采样装置	清洗采样浮船、采样浮桶、采样浮标、栈桥采样吊桶
采样管线	检查采样管路及备用管路情况，并对管路进行反冲洗
排水管路	检查站房到排水点之间管路情况

4.5.2.2 保养检修

根据水站采排水设施及管线的环境状况，在规定的时间对采、排水设施、管线、设备进行预防发生的检修。站房应配备足够的备品备件，在保养检修期间不能影响水站监测设备的运行，水站采排水单元设施每年至少进行 4 次保养检修。

（1）维护采水设施外观，栈桥设施的加固；悬臂式、浮桥式、拉锁式日常保养。

（2）检修采样水泵工作状态，保养检修连接线路接口的防水工作、水泵与管路接口固定。

（3）保养维护地埋采样管路、采样线路维修井。保养维护架空采样实施固定部件。

（4）做好保养检修工作记录，重要的工作内容拍照留档。

4.5.2.3 故障检修

故障检修指对出现故障的采排水单元进行针对性检查和维修。

（1）根据采排水单元实际情况，制定常见故障的判断和检修的作业指导书。

（2）对于能够诊断明确，且可通过更换备件解决的问题（如水泵损坏、泵管破裂、管路堵塞、供电线路破损等问题），应及时更换及维修。

（3）水站应备有日常维修所使用的耗材和备件。

（4）对要影响到水站监测数据的故障检修，应做好故障检修工作的汇报及维修计划。

（5）做好故障检修的工作记录，重要的工作内容拍照留档。

4.5.2.4 停机维护

短时间停机（停机时间小于 48 h），对采样水泵断电处理即可，再次运行时应检查采样单元运行情况。

长时间停机（连续停机时间超过 48 h），对系统控制柜内部采样水泵供电线路进行断电拆除，并排空配水单元水样。再次运行时应重新连接水泵供电线路，检查采样管路工作情况。

4.5.3 记录

在自动站监测系统运行中，对采排水单元例行巡检、检修维护、故障维护、停机维护等进行记录，保证涉及更新工作内容的记录完整、全面、准确。对出现的问题和处理描述需翔实、连续、有结论或有处理的结果。

4.6 采水单元维护及故障诊断

4.6.1 日常运行和维护

根据站点水质情况，定期开展相关维护工作。建议周期见表4－5。

表4－5 采水单元日常维护主要工作

维护周期	维护对象	检查内容
周检查维护	浮球、浮筒、浮船、浮标	检查固定情况 清理周围的杂物
	自吸泵	检查是否有引液 检查电机风叶转动是否灵活、均匀、无异物 检查水泵启动电流是否异常
	潜水泵	检查叶轮保护外壳是否堵塞、破损 检查水泵启动电流是否异常 检查水泵供电线路是否磨损
	取水管路	检查是否出现打折，是否畅通 检查管路线路是否磨损 检查管路压力判断水泵管路是否正常
季保养	潜水泵	清洗泵体内外，检查电源连接 清洗潜水泵外部壳体 清洗叶轮保护罩 检查电机后面风叶，检查转动是否灵活、均匀、无异物，以免影响电机散热，烧毁电机
	自吸泵取水头	清洗取水头
	自吸泵	清洗泵体内外，检查电源连接线 检查电机后面风叶，检查转动是否灵活、均匀、无异物，以免影响电机散热，烧毁电机

4.6.2 常见故障分析及解决

采水单元常见故障分析及解决方法见表4－6。

表 4－6　采水单元常见故障分析及解决方法

现象	可能原因	解决办法
水泵不能抽水或流量不足	供电问题	排除方法检查电源
	电机转向反了（380V 水泵）	排除方法调换相线改正转向
	没有引液（自吸泵）	排除方法向泵体灌液
	进水口或管路堵塞	排除方法清理使之畅通
	进水口管路漏气（自吸泵）	排除方法检查修理进水管路
	吸程过高（自吸泵）	排除方法重新安装
	水泵损坏	更换水泵

5
配水及预处理单元

配水单元直接向自动监测仪器供水，其水质、水压和水量应满足自动监测仪器的需要。在保证水样代表性的前提下，预处理单元对水样进行一系列处理来消除干扰自动监测仪器的因素，以保证分析系统的连续长时间可靠运行，不能采用拦截式过滤装置。

预处理单元应尽可能满足标准分析方法中对样品的要求，可在不违背标准分析方法的情况下根据不同仪器采取恰当的预处理方式（如沉淀、过滤、均化等）。

5.1 配水及预处理单元基本要求

（1）管材机械强度及化学稳定性好、使用寿命长、便于安装维护，不会对水样水质造成影响；管路内径、压力、提水流量、流速满足仪器分析需要，并留有余量。

（2）配水管路设计合理，流向清晰，便于维护；保证仪器分析测试的水质应能代表断面水质情况并满足仪器测试需求。

（3）除水质五参数分析仪器使用源水，直接分析外，分析仪器根据不同预处理方式中取水，保证仪器工作时互相不影响。

（4）配水单元能够自动清洗管路，防止菌类和藻类等微生物对样品水的污染或对系统工作造成不良影响，设计中不使用对环境产生污染的清洗方法。

（5）具备设备扩展功能，条件具备的水站预留不少于 2 台设备的接水口、排水口以及水样比对实验用的手动取水口。

（6）预处理装置可针对不同的仪器采用不同的预处理方式，如沉降、过滤、均化等，且运行稳定可靠、便于维护。

（7）能配合实现水样自动分配、自动预处理、故障自动报警、远程查看电磁阀等各部件工作状态和反控等功能。

（8）具备自动反清（吹）洗功能，预处理单元的自动运行及定时反清（吹）洗由控制系统控制，其状态能显示在监控中心平台的控制画面中，并可通过指令控制。

（9）五参数检测池、预处理装置单元和配水单元等均具有自动清洗功能。

（10）预处理单元能在系统停电恢复并自动启动后按照控制系统的控制时序自动启动。

（11）配水单元的所有操作均可通过控制单元实现运行控制，并可以实现远程控制。

（12）配水单元的流量和压力的确定基本原则应符合以下要求：①根据所选用分

析仪器对水样流量和压力的具体要求进行调配；②在配样主管管路上进行压力的监控，通过装备压力调节阀调节配样管路流量和压力。

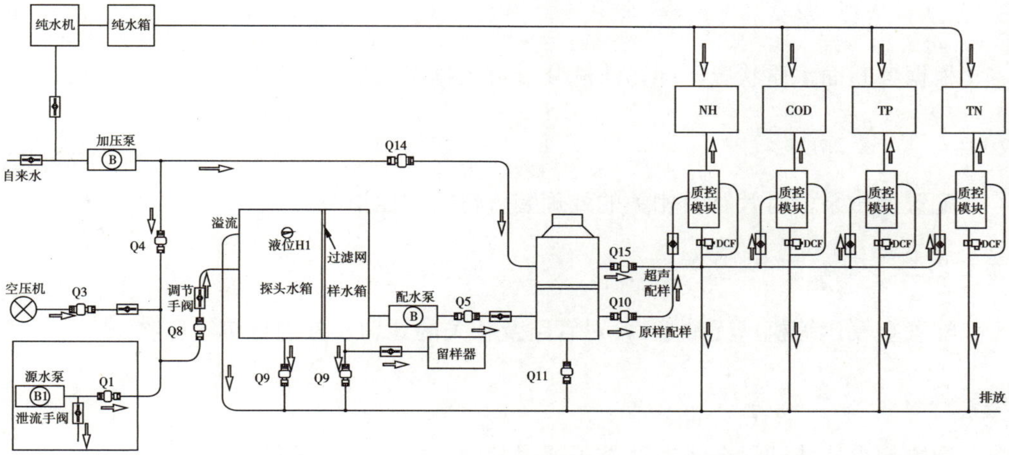

图 5－1　配水单元结构

5.2　水样预处理

预处理主要是指根据仪器对样品水的要求采取的预沉淀、过滤、均化等措施。

5.2.1　源水应沉降 30 min

沉淀池采用优质 PVC、有机玻璃或者不锈钢等材质，要求密封性能好，易拆卸和维护，结构紧凑，沉淀池内设有液位检测设备。

5.2.2　过滤

在外界压力的作用下，水样透过过滤器过滤。过滤孔径应满足不同指标的分析要求。

5.2.3　均化

针对特定指标（如总磷），宜采用均化措施保证水样代表性。

5.3　系统清洗

清洗装置清洗站房内部管路，保证系统管路内部不受藻类等影响，应覆盖全部系统管路，既不会损害仪器，也不会对分析结果构成影响。

5.3.1　清洗水要求

（1）一般采用自来水作为清洗水。

（2）如无自来水可用井水，增设水箱、液位控制以及相关增压设备等。

（3）若现场情况特殊可采用经过净化的河水用作系统的清洗水。

5.3.2　清洗模式

根据各断面水质状况不同，清洗装置可根据不同场合采用以下几种清洗模式。

5.3.2.1　加压水清洗

配置加压泵，对管路及相关的处理装置进行加压清洗。

5.3.2.2　压缩空气清洗

配置空气压缩机（无油型），对管路及相关的处理装置进行空气反吹。

5.3.2.3　超声波清洗

配置超声波清洗设备，对滤芯等通过超声波空化效应进行清洗。

5.4　配水单元维护

配水单元是对采集的水样进行预处理（过滤、沉淀），根据各分析仪器需要的压力和流量，通过手动球阀进行调节，将水样输送到各仪器后面的水样杯中。五参数仪器供水不经过任何处理。并且提供管路清洗、反吹洗、零水、加标制样等功能。

注意事项：

（1）避免配水系统跑冒滴漏。关注电动球阀的工作状况及定期清洗。

（2）必须熟悉所在水站的配水系统流程，掌握水样走向、电动球阀的启动与关起时序、进样、排水过程等，遇到故障及时解决。

举例：

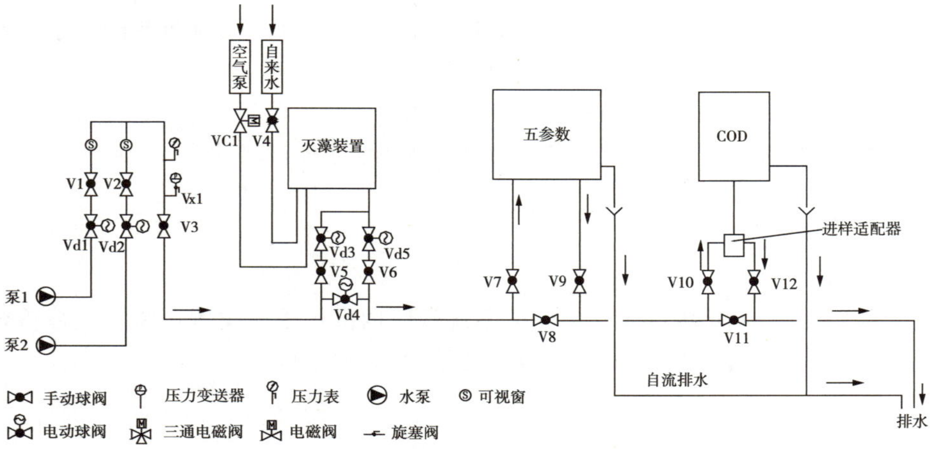

图 5－2　配水单元流程图

配水单元流程描述：

（1）进样流程：采水泵工作，样品水将采样杯中的水进行充分置换。

（2）供样流程：仪器开始对样品水分析，采样杯为各仪器提供样品水，然后中心单元对仪器分析结果进行采集、存储。

（3）除藻流程：启动除藻设备单元，对系统管路进行除藻杀菌。

（4）内部清洗流程：启动清水泵和气泵，利用水气混合物清洗站房内部管路。

（5）外部清洗流程：启动清水泵和气泵，利用水气混合物清洗采水管路。

5.4.1 维护要点

配水单元的维护方式通常为检查、清洁和更换，维护周期可根据现场的监测频次和水质情况适当调整（见表 5－1）。

表 5－1 配水单元维护周期、方式及主要内容

维护周期	维护方式	维护内容
每周	清洁	刷洗五参数电极池；并手动排干水箱 查看水样杯（箱）清洁程度，必要的时候对水样杯进行刷洗
每月	检查	检查管路是否通畅，水压是否正常，有无漏水情况 检查空压机工作状况，给空压机放水；定期检查油标注意添加；定期清洗更换离心器海绵 通过控制单元进行单点检查各个泵、阀是否能正常开关
每季度	检查	检查水样杯上端软管的连接，根据需要进行清洗和更换 检查除藻装置中管路是否通畅，对其他配水设备如纯水机、水处理等设备进行检查或者更换滤芯等
每半年	检查	开展全面的检查保养和隐患排除
每年	更换	维护维修或更换各类泵、阀

5.4.2 配水单元常见故障及解决方法

配水单元常见故障及解决方法见表 5－2。

表 5－2 配水单元常见故障及解决方法

问题	解决方法
由令漏水	打开由令，检查并重新垫好密封圈，用手拧紧。如果仍无法排除故障，更换密封圈或由令
清水泵不工作	①检查泵电源是否正常；水泵接线盒中的电线电缆是否良好安装 ②检查水泵启动电容是否正常，如损坏，则更换 ③如水泵仍不工作，则需要维修水泵电机，甚至更换水泵

表 5 - 2（续）

问题	解决方法
空压机气泵连续工作	①检查与气泵相连的气管、过滤减压阀、接头是否有破损、断裂和泄漏情况 ②检查气泵出口处的保护开关是否损坏，如果该开关无法工作须更换该开关
无压力信号值	①检查压力变送器连接链路是否正常，测量供电电压 ②检查压力变送器下的入口是否畅通；检查压力变送器的线路是否正常 ③更换压力变送器
压力表指针不指示	①检查相应阀门是否开启 ②旋下压力表，检查密封环是否正常安装；更换压力表

6 辅助单元

辅助单元是确保系统和仪器稳定运行的相关设施，主要包括电力保障、视频监控、废液处置、试剂存储、留样单元、安防单元等部分。

6.1 辅助单元的基本要求

（1）配备 UPS（总功率≥3 kW，断电后至少能保证仪器完成一个测量周期和数据上传，且待机不少于 1h）、三相稳压电源（功率≥10 kW）、系统集成机柜、维护专用成套工具等。

（2）应保证分析仪器运行时所用的化学试剂处于 4±2℃低温保存。

（3）视频监控设备具有实时远程监控功能，可实现全方位、多视角、全天候式监控；当出现非法闯入时，报警系统能唤醒摄像机进行视频录制并获取监控区域内清晰的监控图像；视频监控前端存储，至少满足 1 个月的存储能力；视频监控设备要求：最低分辨率为 1 280×960，可输出实时图像；高效红外灯，照射距离不少于 20 m；具有手机远程监控功能；具有移动侦测、动态分析、越界侦测和区域入侵侦测报警功能。

（4）配备废液自动处理单元或废液收集单元，满足两周以上废液量的收集。

（5）配备站房门禁系统，并自动记录站房出入情况。

（6）为保证系统稳定、可靠运行，必须具有电源、信号等设施的三级防雷措施。

（7）具备自动灭火装置，采用悬挂式灭火器，灭火材料须对人体和设备无害。

（8）配备纯水机。

6.2 辅助设备

辅助设备主要有稳压电源和 UPS 电源、电动球阀、试剂低温保存箱、纯水机、废液收集处置单元、除藻装置、增压泵、空压机、各种传感器（电压、温湿度、烟感、水位、水压）、视频等。主要设备简介如下。

6.2.1 UPS 不间断电源

根据系统总功率大小的要求，配置在线式 UPS，对系统起停电保护作用。该 UPS 保证了系统在断电状态下能保存及传输数据，并继续完成本次测量周期。

该 UPS 不间断电源具有正弦波、断电保护、自动恢复、过载保护、故障诊断记录等功能。恢复供电后，系统能自动恢复工作。

6.2.2 交流稳压电源

系统采用单相电供电，由于水站基本设在较为偏僻的地方，可能采用的是农电网络，电压不稳将对系统带来十分重大的打击。在配备 UPS 的同时，系统总电源配备交流稳压电源。

6.2.3 视频监控设备

视频监控设备由多个摄像头及视频服务器组成（见图 6－1）。多个摄像头分别安装，监控水站内外。

水站室外安装摄像头，远程观察取水工程（取样水泵、沉淀池、浮台等）工作状况，观察水站周边的水位、流量等水情情况，同时也可观察水站院落、站房、供电线路等周边的环境。

水站机房内安装摄像头，远程监视水站内设备（采样分配单元，自动监测分析仪器、供电系统、数据采集及传输系统等）的整体工作情况（如设备的面板指示灯及数据的显示，电源是否正常等），以实现远端的工作人员对水质自动监测设备运行情况、电源、环境信息的实时视频监视。

图 6－1　摄像头及视频服务器

6.2.4 水站废液收集系统

水站在监测分析过程中或多或少会产生一些废液，主要是酸、碱、化学氧化剂、氨氮、氮、磷等一般污染物，还有部分重金属有毒物质。另外，实验室配制试剂时洗涤器皿和配制过程中及失效试剂等，不应该排入环境中，以免造成污染。因此，需加强对废液的管理和处理。

环境保护部发布的《关于加强实验室类污染环境监管的通知》明确要求对各类实验室的污染进行监管，要求实验室的废液必须经无害化处理后方可排放。严禁将酸碱废液和含有毒物质或金属离子的废液等直接排入环境中。

为避免水站运行过程中产生的废液造成二次污染，应对废液进行收集，集中处置。

6.2.4.1 水站废液处理原则

所有废液均需收集存储，储存容器必须贴上标签、写明种类、储存时间等（见图 6－2），并定期送至有资质的处理单位集中处置。

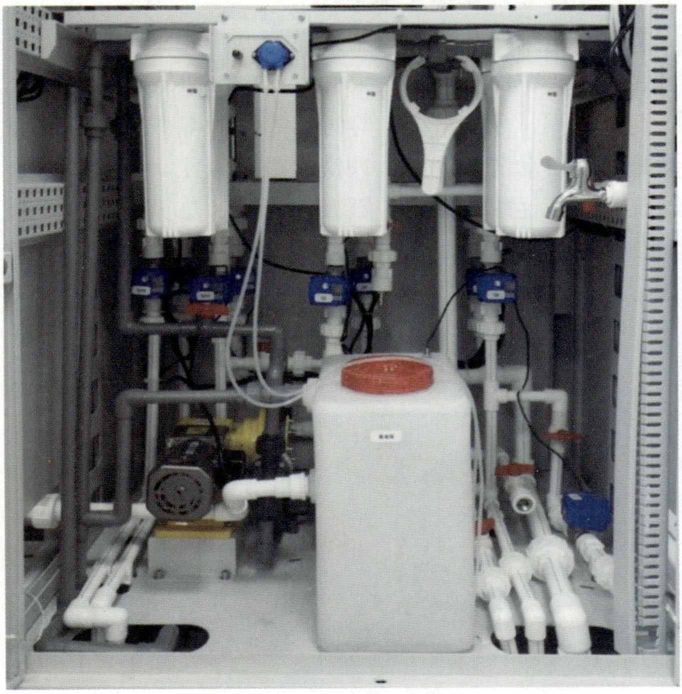

图 6－2 废液收集装置

6.2.4.2 现场运维人员处理步骤

（1）对各仪器废液进行分类收集，写明种类、储存时间。

（2）当各站点废液收集到一定量时进行统一收集储存。

（3）将收集好的废液统一送到有资质的废液处理机构进行处置。

6.2.4.3 废液处理注意事项

（1）现场运维人员不可私自倾倒排放各类废液。

（2）送废液前要进行分类，不可随意混合。

（3）要送到有资质的废液处理机构，不可随意处理。

6.2.5 试剂低温保存单元

适合本系统仪器所需试剂的低温保存的冷藏箱，应保证分析仪器运行时所用的化学试剂处于 4±2℃低温保存。

6.2.6 留样单元

留样设备一般由蠕动泵产生负压采集样品，并通过控制器分配到采样瓶，常用于超标情况下留样给实验室检测（见图 6－3）。

它可以根据水样采样要求实现多种采样方式：定量采样、定时定量采样、定时流量比例采样、定流定量采样和远程控制采样。

多种装瓶方式：单采，即每瓶单次采样；混采，即每瓶多次采样。

基本功能：混合采样、分瓶采样、等时不等时间隔采样、按流量采样、远程操作。同时可自动排空，自动清洗管路，冲洗次数可设定，触发留样。保证样品真实性。可连接仪器仪表：高锰酸盐指数、氨氮、总磷、总氮等在线水质分析仪器。是对江、河、湖泊、企业排放水等实现科学监测的理想采样工具。

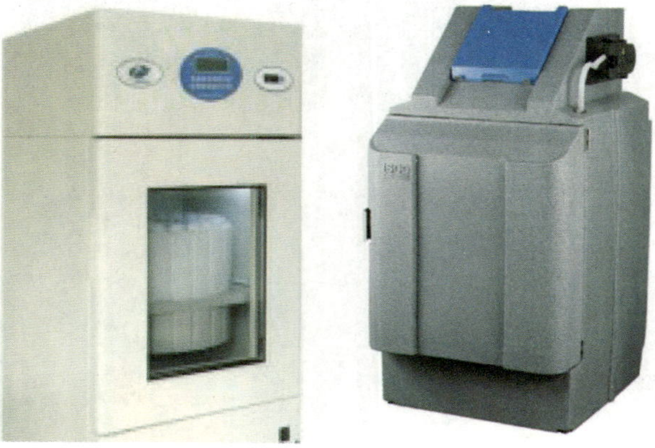

图 6－3　留样器

6.2.7 安防单元

安防是指在建筑物或建筑群内（包括周边地域），或特定的场所、区域，通过采用人力防范、技术防范和物理防范等方式综合实现对人员、设备、建筑或区域的安全防范。

为保证水站的稳定运行，使用大量的传感器，以远程观察水站的运行状态是智能化控制系统必然的要求（见图 6－4）。使用在水站的传感器有电压传感器、温湿度传感器、烟雾报警器、水浸传感器、水压压力传感器等。

电压传感器：适用于电源设备、电力网监测、自动化系统等。对供电电源的电压、电流、频率等实时监测。当实际电压值超过警界数值时或发生断电故障时，系统会自动对管理人员短信报警。

温湿度传感器：可实时地监测站房内温度和湿度状况。温湿度传感器通过主机集中供电。当水站的温度或湿度超过预定值时，系统将对管理人员短信报警。

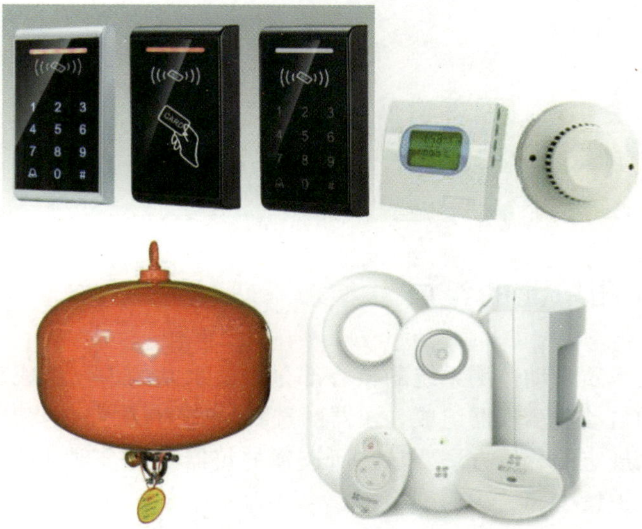

图 6－4　安防设备

7 分析单元

7.1 分析检测单元的组成

检测单元是水质自动监测系统的核心部分，是水站的重要组成部分，由满足各检测项目要求的自动监测仪器组成。仪器的选择原则为仪器测定精度满足水质分析要求且符合国家规定的分析方法要求，所选择的仪器配置合理、性能稳定、运行维护成本合理、维护量少、二次污染小。

根据监测目的、水质特点确定监测项目，分为必测项目和选测项目，见表7－1。

表7－1 地表水水质自动监测站必测项目与选测项目

水体	必测项目	选测项目
河流	常规五参数（水温、pH、溶解氧、电导率、浊度）、氨氮、高锰酸盐指数、总氮、总磷	挥发酚、挥发性有机物、油类、重金属、粪大肠菌群、流量、流速、流向、水位等
湖、库	常规五参数（水温、pH、溶解氧、电导率、浊度）、氨氮、高锰酸盐指数、总氮、总磷、叶绿素a	挥发酚、挥发性有机物、油类、重金属、粪大肠菌群、藻类密度、水位等

7.2 水质自动分析仪的技术要求

7.2.1 分析仪器要求

（1）水站所安装的分析仪器属于环境保护部适用性检测目录内的仪器，需通过环境监测仪器质量监督检验中心的适用性检测。

（2）水站所安装的分析设备性能指标应满足现行的有关仪器标准要求。

7.2.2 水质自动分析仪器性能指标

水质自动监测系统各仪器性能指标应符合或优于表7－2要求。

表 7－2 水质自动监测系统仪器性能指标技术要求

监测项目	检测方法	检出限	精密度	准确度	稳定性		标准曲线相关系数	加标回收率	实际水样比对
					零点漂移	量程漂移			
pH	电极法	—	—	±0.1	—	±0.1	—	—	±0.1
水温/℃	电极法	—	—	±0.2	—	±0.2	—	—	±0.2
溶解氧/(mg/L)	电极法	—	—	±0.3	±0.3	±0.3	—	—	±0.3
电导率/(μs/cm)	电极法	—	±1%	±1%	±1%	±1%	—	—	±10%
浊度/NTU	电极法	—	±5%	±5%	±3%	±5%	—	—	±10%
氨氮/(mg/L)	电极法	0.1	±5%	±10%	±5%	±5%	≥0.995	80%～120%	②
	光度法	0.05	±5%	±5%	±5%	±5%	≥0.995	80%～120%	
高锰酸盐指数/(mg/L)	电极法、光度法	1	±5%	±10%	±5%	±5%	≥0.995	—	②
总有机碳/(mg/L)	干式、湿式氧化法	0.3	±5%	±5%	±5%	±5%	≥0.999	80%～120%	②
总氮/(mg/L)	光度法	0.1	±10%	±10%	±5%	±10%	≥0.995	80%～120%	②
总磷/(mg/L)	光度法	0.01	±10%	±10%	±5%	±10%	≥0.995	80%～120%	②
生化需氧量/(mg/L)	微生物膜法	2	±10%	±10%	±5%	±10%	≥0.995	80%～120%	②
其他污染指标	—	①	③						

注：①须优于 GB 3838 规定的标准限值（GB 3838 表 1 中的指标须优于Ⅰ类标准限值）。

②当 $C_X > B_{\mathrm{IV}}$，比对实验的相对误差在 20%以内；

当 $B_{\mathrm{II}} < C_X < B_{\mathrm{IV}}$，比对实验的相对误差在 30%以内；

当 $4DL < C_X < B_{\mathrm{II}}$，比对实验的相对误差在 40%以内；

当自动监测数据和实验室分析结果双方都未检出，或有一方未检出且另一方的测定值低于 B_{I} 时，均认定对比实验结果合格。

式中：C_X——仪器测定浓度；

B——GB 3838 表 1 中相应的水质类别标准限值；

4DL——测定下限。

③须满足仪器出厂技术指标要求

7.2.3 国控水站质控措施评价标准

在水站运行中必须进行零漂、标漂、标液核查、平行样检查、线性检查、加标回收、集成干预水样比对等质控措施。国控水站质控措施评价标准见表 7－3。

表 7－3 国控水站质控措施评价标准

监测项目	单位	24 h零点标液核查		24 h量程标液核查		标液核查	平行样检查	多点线性检查		加标回收率	集成干预水样比对
		准确度	相对误差	准确度	相对误差			准确度	相关系数		
水温	℃	—	—	—	—	—	—	—	—	—	—
pH	—	—	—	—	—	±0.1	—	—	—	—	—
溶解氧	mg/L	—	—	—	—	±10%	—	—	—	—	—
电导率	μS/cm	—	—	—	—	±5%	—	—	—	—	—
浊度	NTU	—	—	—	—	±10%	—	—	—	—	—
氨氮	mg/L	±0.2	±10%	±10%	±10%	±10%	±10%	±10%	≥0.98	80%～120%	①②
高锰酸盐指数	mg/L	±1.5	±10%	±10%	±10%	±10%	±10%	±10%	≥0.98	80%～120%	
总氮	mg/L	±0.3	±10%	±10%	±10%	±10%	±10%	±10%	≥0.98	80%～120%	
总磷	mg/L	±0.03	±10%	±10%	±10%	±10%	±10%	±10%	≥0.98	80%～120%	

注：①当 $C_X > B_{\mathrm{IV}}$，比对实验的相对误差在±20%之内；

当 $B_{\mathrm{II}} < C_X < B_{\mathrm{IV}}$，比对实验的相对误差在±30%之内；

当 $3DL < C_X < B_{\mathrm{II}}$，比对实验的相对误差在±40%之内；

当两个自动监测数据均未检出或有一个未检出且另一个的测定值低于 B_{I} 时，均认定对比测试结果合格。

式中：C_X——仪器测定浓度；

B——GB 3838 标准中相应水质类别标准限值，B_{I}、B_{II}、B_{IV} 代表Ⅰ类水质、Ⅱ类水质、Ⅳ类水质的标准限值；

$3DL$——测定下限。

②浮船站不需进行集成干预水样比对测试

7.2.4 水质自动监测仪器基本功能指标

随着新时代生态环境监测的需要，深化水环境质量监测，确保监测数据“真、准、全”，除了仪器的模块化，还必须使仪器更加智能化，增加许多新的功能和质量控制的能力。

（1）高锰酸盐指数、氨氮、总磷、总氮分析仪具有自动标样核查、零点校准、标样校准等功能。

（2）具有异常信息记录、上传功能，如零部件故障、超量程报警、超标报警、缺试剂报警等信息。

（3）具有仪器状态（如测量、空闲、故障等）显示。

（4）具有 RS－232 或 RS－485 标准通信接口。

（5）具备 1 小时 1 次的监测能力。

（6）具有数据标识。

（7）仪器还应该具备断电保护功能，在来电时自动恢复，以及排空、清洗功能。断电、断水报警等功能。

（8）仪器本身能够保存一定量的历史数据、质控数据（空白测试数据、标样核查数据、加标回收率数据等）及日志信息。

（9）仪器具备受控和手动的启停、校时、校准、质控测试等控制功能，能够具备远程维护功能。

7.3 五参数分析仪简介

7.3.1 仪器介绍及原理

7.3.1.1 五参数内容

水质五参数是指水温、pH、溶解氧、电导率和浊度五项参数。

7.3.1.2 五参数单位

水温（℃）、pH（无量纲）、溶解氧（mg/L）、电导率（μS/cm）、浊度（NTU）。

7.3.1.3 五参数在线监测仪器常用量程及水体常规值

五参数在线监测仪器常用量程及水体常规值见表 7－4。

表 7－4 五参数在线监测仪器常用量程及水体常规值

项目	在线仪器常用量程	水体常规经验值（Ⅰ～Ⅴ类）	备注
pH	0～14	6～9	Ⅰ～Ⅴ类标准可参考 GB 3838 标准
水温	0～60℃	0～40 ℃	—
溶解氧	0～60 mg/L	2～15 mg/L	Ⅰ～Ⅴ类标准可参考 GB 3838 标准
电导率	10～500 mS/cm	10～200 mS/cm	—
浊度	0～4 000 NTU	10～4 000 NTU（或更高）	—

7.3.1.4 五参数分析方法原理

五参数分析方法原理见表 7－5。

表 7－5 五参数分析方法原理

序号	项目	主要参照方法*	参照标准
1	水温	热电阻电极法	GB/T 13195—91
2	pH	玻璃电极法	GB/T 6920—86
3	溶解氧	膜电极法	GB/T 11913—89
4	电导率	电极法	GB/T 6908—2005
5	浊度	90 度散射光法	GB/T 13200—91、 ISO 7027—1999（国际标准）

注：参见《水和废水监测分析方法》（第四版），国家环保局（2002 年）。

7.3.2 五参数分析仪结构

7.3.2.1 pH（玻璃电极法）

定义：水中氢离子活度的负对数。

表示：　　$pH=-\lg[H^+]$；

pH 用于测定水溶液的酸碱度；

pH 表示水中氢离子浓度的参数。

酸性——随着氢离子浓度的增加而增加；碱性——随着氢氧根粒子的浓度的增加而增加。

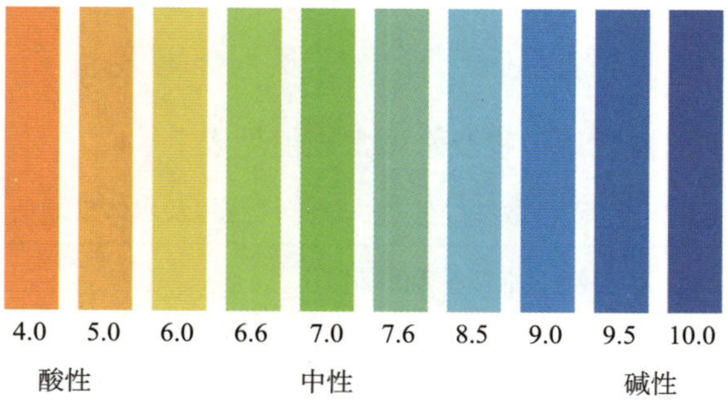

图 7－1 pH 比色卡

天然水的 pH 多在 6～9，这也是我国污水排放标准中的 pH 控制范围，pH 是水化学中常用的和最重要的检验项目之一。由于 pH 受水温影响而变化，测定时应注意温度的影响。通常采用玻璃电极法和比色法（实验室）测定水中 pH。

目前 pH 在线监测仪中的传感器普遍采用将指示电极和参比电极组装在一个探

头壳体中的复合电极。电极测 pH 时是通过测量电极和参比电极之间的电位来实现的，如图 7－2 所示。

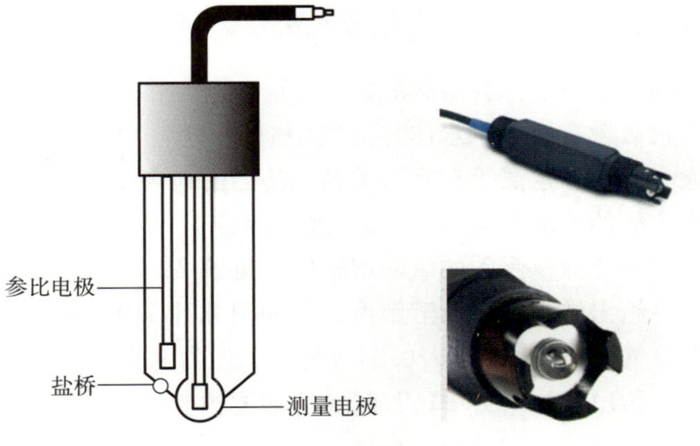

图 7－2 pH 电极示意图

电极在接触溶液时，其玻璃膜上会形成一个随 pH 变化而变化的电势，且该电势需另一个恒定的电势来进行比较，这个恒定电势是由参比电极来提供的，它不会因溶液中 pH 的大小而变化。

pH 电极不应暴露在空气中，会加速其使用寿命，使电极失效。

7.3.2.2 水温（热敏电阻/热电阻法）

水的物理化学性质与水温有密切关系。水中溶解性气体（如氧、二氧化碳等）的溶解度、水生生物和微生物活动、化学和生物化学反应速度及盐度、pH 等都受水温变化的影响。

水温作为现场监测的项目之一，常用 pH 内置的温度元件（热敏电阻/热电阻）进行测量。

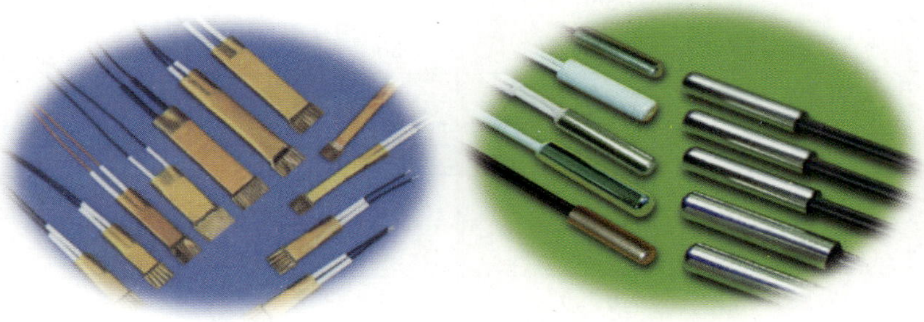

图 7－3 水温测量装置

（1）热敏电阻：利用半导体的热敏性制成的电阻，采用 NTC 温度探头法进行监测。利用 NTC 热敏电阻在一定的测量功率下，电阻值随着温度上升而迅速下降。

（2）热电阻：中低温区最常用的一种温度检测器。它的主要特点是测量精度高，性能稳定。其中铂热电阻的测量精确度是最高的，它不仅广泛应用于工业测温，而且被制成标准的基准仪。

7.3.2.3 溶解氧（膜电极法/荧光淬灭法）

溶解在水中的分子态氧称为溶解氧。

天然水的溶解氧含量取决于水体与大气中氧的平衡，溶解氧的饱和含量和空气中氧的分压、大气压力、水温等有密切关系，清洁的地表水溶解氧一般接近饱和。

以下给出水中氧的溶解度与温度和压力的关系：

（1）作为温度和含盐量函数的氧的溶解度（见表 7－6）。

①表中第二栏给出纯水中氧的溶解度，以每升水中氧的毫克数表示，纯水存在被水蒸气饱和的空气，空气中含有 20.94%的氧，压力为 101.3 kPa。

②表中第三栏给出含盐量为 1 g/L 时氧溶解度的变化量。

表 7－6 作为温度和含盐量函数的氧的溶解度

温度/℃	溶解氧/(mg/L)	溶解氧的变化量/(mg/L)	温度/℃	溶解氧/(mg/L)	溶解氧的变化量/(mg/L)
0	14.64	0.092 5	20	9.08	0.048 1
1	14.22	0.089 0	21	8.90	0.046 7
2	13.82	0.085 7	22	8.73	0.045 3
3	13.44	0.082 7	23	8.57	0.044 0
4	13.09	0.079 8	24	8.41	0.042 7
5	12.74	0.077 1	25	8.25	0.041 5
6	12.42	0.074 5	26	8.11	0.040 4
7	12.11	0.072 0	27	7.96	0.039 3
8	11.81	0.069 7	28	7.82	0.038 2
9	11.53	0.067 5	29	7.69	0.037 2
10	11.26	0.065 3	30	7.56	0.036 2
11	11.01	0.063 3	31	7.43	
12	10.77	0.061 4	32	7.30	
13	10.53	0.059 5	33	7.18	
14	10.30	0.057 7	34	7.07	
15	10.08	0.559	35	6.95	
16	9.86	0.054 3	36	6.84	
17	9.66	0.052 7	37	6.73	
18	9.46	0.051 1	38	6.63	
19	9.27	0.496	39	6.53	

(2) 大气压力或海拔高度的校正。

如果大气压力 P 不是 101.3 kPa，那么溶解度 C_S'' 可由 101.3 kPa 的 Cs 值通过式（7－1）计算而求得：

$$C_S''=Cs\times\frac{P-P_W}{101.3-P_W} \quad (7-1)$$

式中：P_W——在选定温度下和空气接触时，水蒸气的压力，kPa。

压力在 77.5～110 kPa，间隔为 0.5 kPa。C''_S 值以每升中氧的毫克数表示，在 GB 11913—89 附录 A 的表 A3 中给出。

作为海拔高度函数的平均大气压值可用式（7－2）计算：

$$\lg P_h=\lg 101.3-\frac{h}{18\,400} \quad (7-2)$$

式中：P_h——海拔高度为 h（以 m 表示）时的平均大气压，kPa。

表 7－7 给出海拔高度和平均大气压的部分对应值。

表 7－7 海拔高度和平均大气压的对应值

海拔高度 h/m	P_h/kPa	海拔高度 h/m	P_h/kPa
0	101.3	1 100	88.3
100	100.1	1 200	87.2
200	98.8	1 300	86.1
300	97.6	1 400	85.0
400	96.4	1 500	84.0
500	95.2	1 600	82.9
600	94.0	1 700	81.9
700	92.8	1 800	80.9
800	91.7	1 900	79.9
900	90.5	2 000	78.9
1 000	89.4	2 100	77.9

自然状态中，水中适量的氧是鱼类和好氧菌生存和繁殖的基本条件。在一个大气压、温度为 0℃ 的淡水中，溶解氧呈饱和状态时的含量高于 10 mg/L，当溶解氧低于 4 mg/L 时，鱼类就难以生存。水被有机物污染后，由于好氧菌作用，使有机物被氧化，消耗水中的溶解氧。溶解氧越少，表明污染程度越严重。

(3) 检测方法。

目前溶解氧的在线检测方法主要有电化学法（Clark 溶氧膜电极）、荧光淬灭法等。

①膜电极法。

膜电极法是电流测定法根据分子氧透过薄膜的扩散速率来测定水中溶解氧的含量。整个电化学测试系统包括一个金阴极（工作电极 A）和两个银电极（其中一个银电极为计数阳极 G，另一个为参考电极 R）及氯化钾或氢氧化钾电解液组成（见图 7－4）。

当给溶解氧电极加上极化电压时，氧通过膜扩散到电解液中，阴极释放电子，阳极接受电子，产生电流。

根据法拉第定律：流过溶解氧分析仪电极的电流和氧分压成正比，在温度不变的情况下，电流和氧浓度之间呈线性关系。

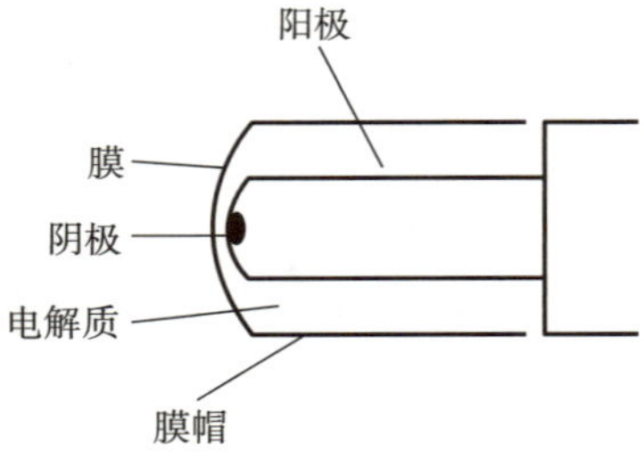

图 7－4　电化学法（Clark 溶氧膜电极）示意图

溶解氧的测定：溶解氧电极用一薄膜将铂阴极、银阳极以及电解质与外界隔开，一般情况下阴极几乎是和这层膜直接接触的。氧以和其分压成正比的比率透过膜扩散，氧分压越大，透过膜的氧就越多。当溶解氧不断地透过膜渗入腔体，在阴极上还原而产生电流，此电流和溶氧浓度直接成正比，只需将测得的电流转换为浓度单位即可。

②荧光法。

荧光法溶解氧传感器基于荧光猝熄原理（图 7－5）。光电传感器向荧光层发射绿色脉冲光，绿色脉冲光照射到荧光物质上使荧光物质激发并发出红光，由于氧分子可以带走能量（猝熄效应），所以激发的红光的时间和强度与氧分子的浓度成反比。

通过测量激发红光与参比光的相位差，并与内部标定值对比，从而可计算出氧分子的浓度。传感器中计算流体温度和大气压。

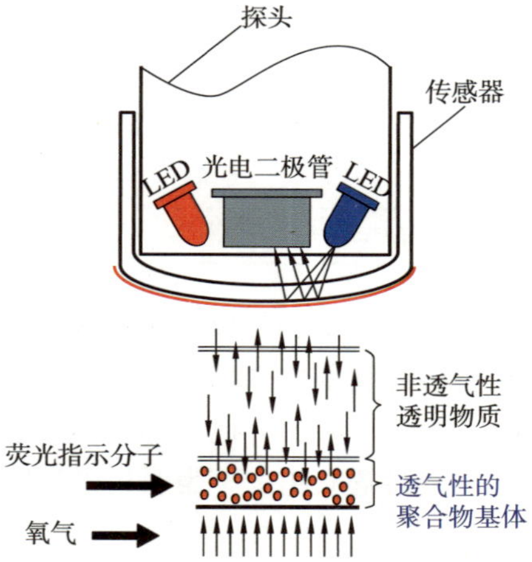

图 7－5　荧光淬灭法示意图

7.3.2.4　电导率

电导率是物理学概念，也可以称为导电率。电导率表示溶液导电能力的大小。

由于溶液内离子的电荷有助于导电，因此溶液的电导率和其离子浓度成正比。

电导率是以数字表示溶液传导电流的能力。纯水电导率很小，当水中含无机酸、碱或盐时，电导率增加。水溶液的电导率取决于离子的性质和浓度、溶液的温度和黏度等。

采用四级式电导池法进行监测。电导率测量仪的测量原理是将两块平行的极板（图 7－6 黑色极板），放到被测溶液中，在极板的两端加上一定的电势（通常为正弦波电压），然后测量极板间流过的电流。根据欧姆定律，电导（G）是电阻（R）的倒数，是由导体本身决定的。

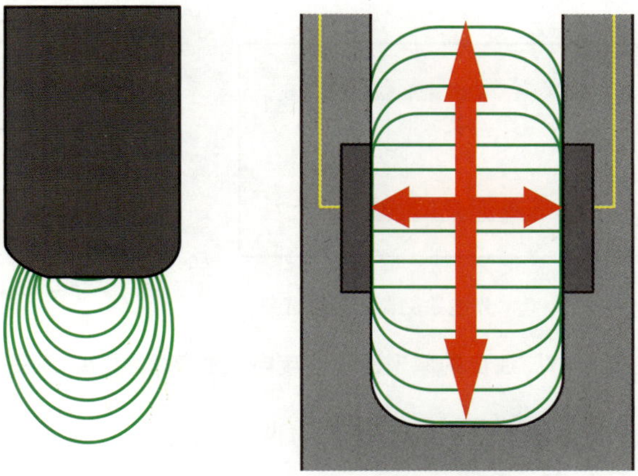

图 7－6　电导率测量仪示意图

7.3.2.5　浊度

浊度是指水中悬浮物对光线透过时所发生的阻碍程度。水中的悬浮物一般是泥土、砂粒、微细的有机物和无机物、浮游生物、微生物和胶体物质等。水的浊度不仅与水中悬浮物质的含量有关，而且与它们的大小、形状及折射系数等有关。

水质分析中规定：1 L 水中含有 1 mg SiO_2 所构成的浊度为一个标准浊度单位，简称 1 度。通常浊度越高，溶液越浑浊。

浊度可用比浊法或散射光法进行测定。

采用 90 度散射光法进行监测。浊度表示的是水中悬浮物质与胶态物质对光线透过时所发生的阻碍程度或发生的散射现象。

采用特定波长的红外光，使之穿过一段水样，并从与入射光呈 90°的方向上检测被水样中的颗粒物所散射的光量，从而测试水样的浊度。

7.3.3　五参数仪器的日常维护及校准

7.3.3.1　pH 校正

任何厂家的 pH 在线分析仪，都必须经过 pH 标准缓冲溶液的校正后才能准确

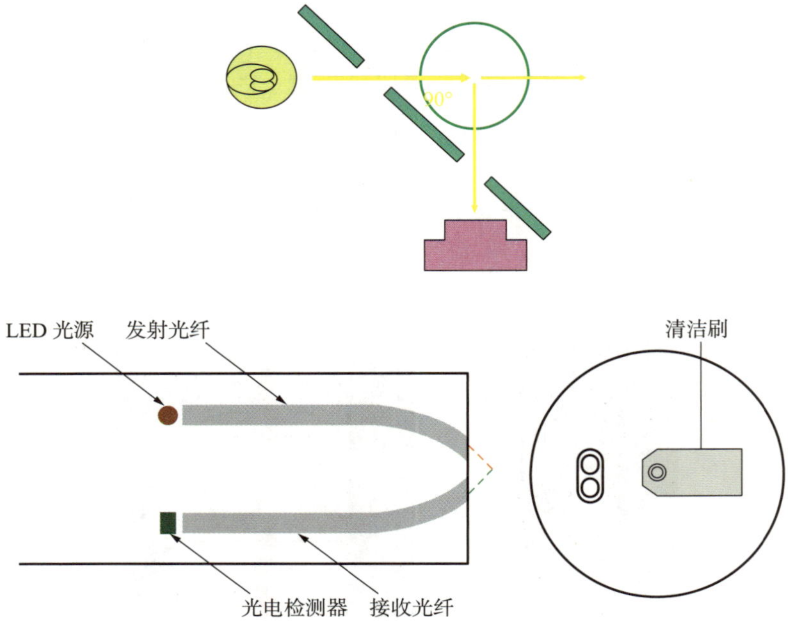

图 7－7　浊度的原理图及浊度电极的基本构造示意图

测量样品的 pH，目前最常规的校正方法为两点校正，即选择 pH＝4.00 和 pH＝6.86 的标准缓冲液进行两点校正。

（1）校正步骤。

①进入校正菜单，将校正模式选择为 2 点校正。

②清洗电极，把用清水洗完后 pH 电极泡在 pH 6.86 标准液中，启动校正程序，等待直到屏幕显示稳定电位值（或 pH），手动输入当前温度下的 pH（或直接确认），按键确认。

③然后用蒸馏水漂洗电极后，再把电极泡在 pH 4.00 标准液中，启动校正程序，等待直到屏幕显示稳定电位值（或 pH），手动输入当前温度下的 pH（或直接确认），按键确认，完成校正（见图 7－8）。

图 7－8　pH 校正示意图

④校正完成后，检查仪器斜率是否在规定范围内；如斜率在范围内或前后两次校准偏差相对平稳，则校准成功，否则排查故障后重新校正。

注意：校正时，缓冲液选择的顺序一般先用 pH＝6.86，再用 pH＝4.00。

（2）校正失败处理。

①对玻璃电极进行清洗保养，然后进行校正。

②检查电解液和盐桥，判断是否需要更换。

③若判断整支电极有问题，需及时更换。

pH分析仪中的传感器为玻璃电极，玻璃电极外套装白色保护液瓶，在仪表不使用时（包括运输）需套装该瓶，以避免玻璃电极暴露在空气中。出厂时，仪器在最外面还配装使用保护罩（金属材质）。（如下图所示）

出厂时

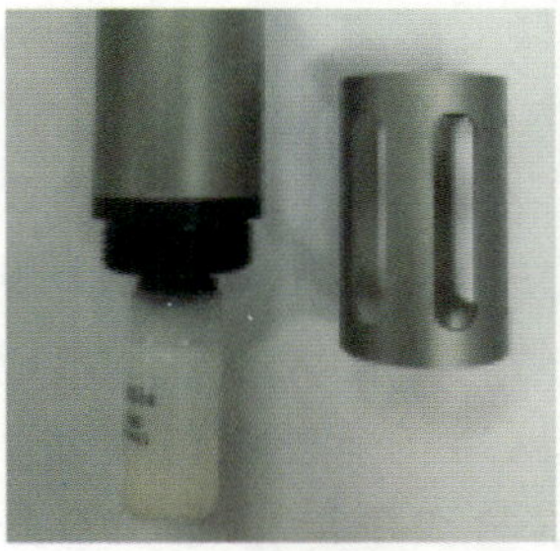

去除金属保护罩后

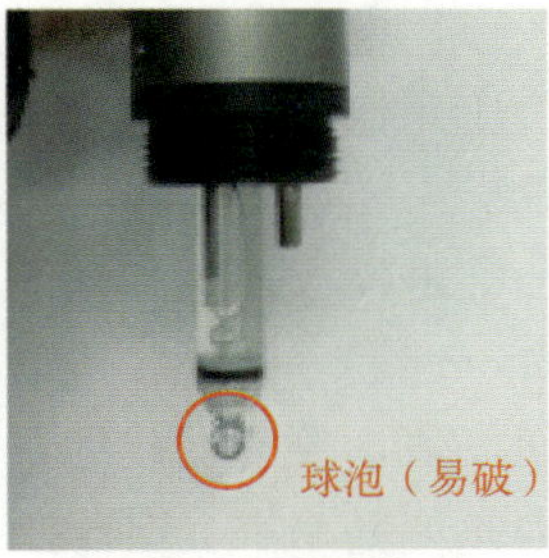

去除保护液塑料瓶后

pH分析仪电极保护部分拆解图

因玻璃电极（尤其最前端原型球泡部分）过力触碰，极易破碎，因此在使用时，务必按以下提示操作：

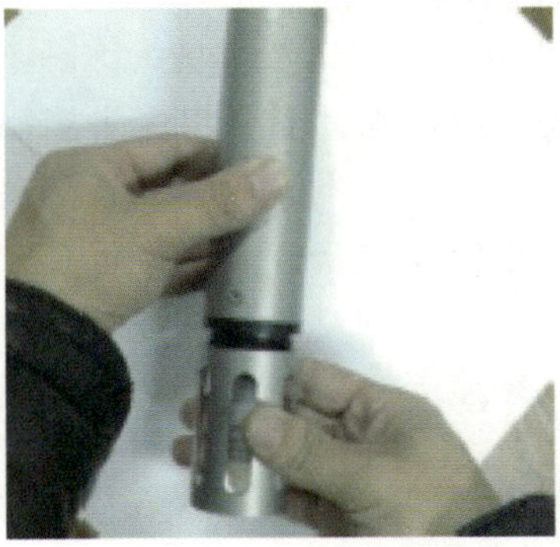

第1步：逆时针方向旋下金属保护罩

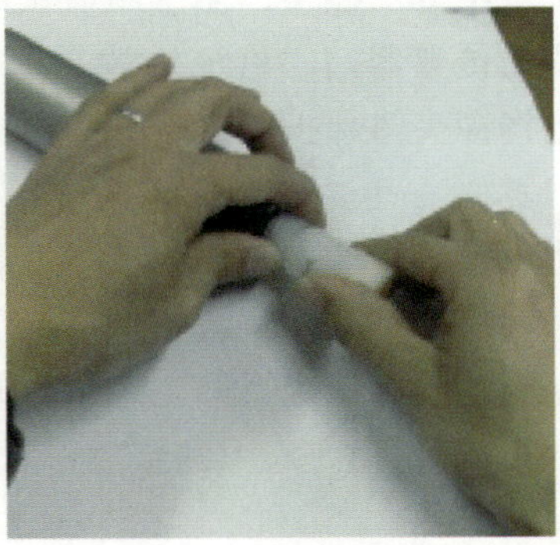

第2步：旋松白色保护液瓶瓶盖

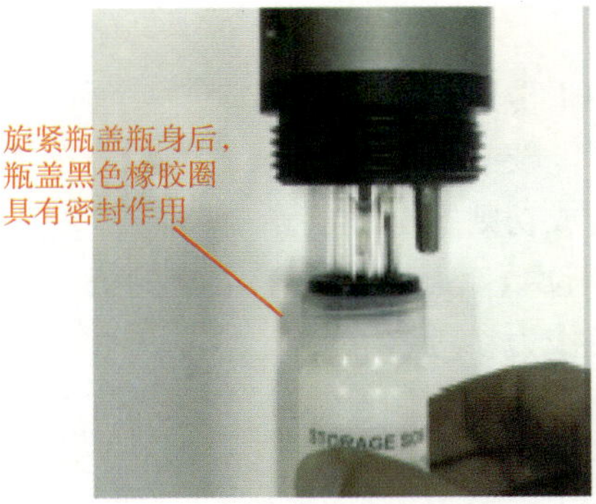

第3步：轻轻拔下白色保护液瓶

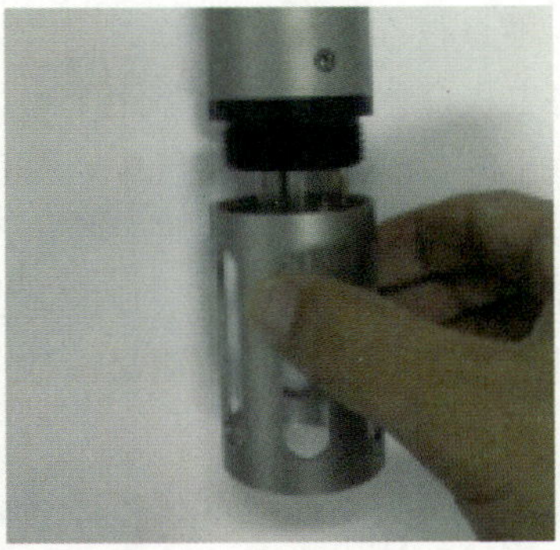

第4步：小心装上金属保护罩（勿碰撞到玻璃电极）

图 7－9　pH 分析仪使用特别注意事项

7.3.3.2 溶解氧校正

一般是将五参数 DO 电极（膜法、荧光法）放在空气中进行校正。仪器上出现的数值应该是相应温度下的饱和溶解氧的值。

如果需要零点校正，需使用无氧水。

（1）电极（膜法）校正步骤。

①用清水清洗电极后，用滤纸吸干电极薄膜上的水珠。

②电极放在饱和湿润空气中（测试面离液面上方约 2 cm 处），启动校准程序。等待直到屏幕显示出电极斜率值，校准完成后，检查仪器斜率是否在规定范围内；如斜率在范围内或前后两次校准偏差相对平稳，则校准成功，否则排查故障后重新校准。

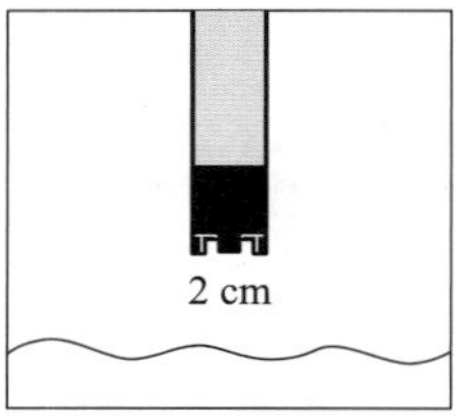

图 7－10 溶解氧电极校准示意图

（2）电极（荧光法）校正步骤。

①从水中取出探头，用湿布擦拭以去除碎屑及滋生的生物。

②清洁传感器帽，将探头放在提供的校准包中，加入少量水（25～50ml），使用校准包将探头体保护起来（探头远离阳光或其他热源。不要将探头接触任何硬的表面）。

③从主菜单中输入气压值或海拔值，选择相应操作步骤，按键确认。当读数稳定下来后，校准将自动完成。

④完成后按确认键返回主菜单，并将探头重新放入需要测试的水中。

7.3.3.3 电导率校正

零点校准：使用零点校准程序定义电导率传感器唯一的零点。必须先定义零点，然后再使用参考溶液或过程试样首次校准传感器。

（1）零点校准步骤。

①将电极从水样中取出，用干净的毛巾擦干传感器。

②将干的传感器放在空气中，按键选择零点校准。

③当读数稳定下来后，查看校准结果，若成功则按键确认。

标准溶液校准：标准溶液校准调整传感器读数，以匹配参考溶液的值。使用与预期测量读数相同或比预期测量读数更大的值作为参考溶液。

（2）标准溶液校准步骤。

①使用去离子水彻底冲洗传感器。

②将传感器放入参考溶液中，拖住传感器，以便它不会接触容器，确保传感器与容器各侧之间的距离至少为 2 英寸（1 英寸＝2.54 cm）。搅动传感器，以去除气泡。

③当读数稳定下来后，查看校准结果，若成功则按键确认。

7.3.3.4 浊度仪的校正

传感器在使用过程中遇到本身器件老化、测量物体颗粒发生变化、安装环境改变等都会对测量结果产生影响，要克服这些因素的影响就必须定期进行校准。

注意：浊度校准必须使用黑色器皿（材质不反光）。高浓度浊度标准液沉淀很快，需使用搅拌器，保证溶液的均匀。

图 7－11　黑色标定杯

有 3 种校准模式，“一点校准”“二点校准”和“三点校准”，其中“一点校准”只是偏移量校准，适用于已经完成多点校准以后的传感器在现场应用时的快速校准。“二点校准”为线性校准，适用于（0～100）NTU 量程的校准。“三点校准”为非线性校准，适合于 0～100 NTU、0～500 NTU、0～2 000 NTU、0～4 000 NTU 量程。

7.3.4 标准溶液配制

7.3.4.1 pH

（1）试剂和蒸馏水。

使用分析纯或优级纯试剂，自行配置 pH 标准溶液。

配制标准溶液所用的蒸馏水应符合下列要求：煮沸并冷却、电导率小于 2×10^{-6} S/cm 的蒸馏水，pH 在 6.7～7.3 为宜。

（2）标准溶液

①pH＝4.008 标准溶液：称取在 110～130℃ 干燥 2～3 h 的邻苯二甲酸氢钾 10.12 g，溶于水并稀释于 1 000 ml 容量瓶中，定容。该试剂温度为 25 ℃时，pH 为 4.008。

②pH＝6.865 标准溶液：分别称取在 110～130℃ 干燥 2～3 h 的磷酸二氢钾 3.388 g 和磷酸氢二钠 3.533 g，溶于水并稀释于 1 000 ml 容量瓶中，定容。该试剂温度为 25 ℃时，pH 为 6.865。

③pH＝9.180 标准溶液：称取硼砂 3.80 g，溶于水并稀释至 1 000 ml 容量瓶

中，定容。该试剂温度为 25 ℃时，pH 为 9.180。

7.3.4.2 溶解氧

无氧水的制备：配制 250 ml 的 5%亚硫酸钠（Na_2SO_3）溶液，可加入适量的氯化钴（$CoCl_2$）做催化剂。

7.3.4.3 电导率

（1）水的质量。

纯水，其电导率应小于 1 μS /cm。

（2）标准氯化钾溶液。

0.01 mol/L 标准氯化钾溶液：称取 0.745 6 g 于 105 ℃干燥 2 h 并冷却后的优级纯氯化钾，溶于纯水中，于 25 ℃下定容至 1 000 ml 容量瓶中。

此溶液在 25℃时，电导率为 1 413 μS /cm。必要时，可将标准溶液用纯水加以稀释。

7.3.4.4 浊度

（1）零浊度水的制备。

取蒸馏水（电渗析水、离子交换水或去离子水），经孔径不大于 0.2 μm 微孔滤膜反复过滤 2 次以上。

（2）浊度标准溶液。

福尔马肼（Formazine）浊度标准溶液的制备（摘自 JJG 880《浊度计》国家计量检定规程附录）。

浊度计检定中使用国家技术监督局颁布的 Formazine 标准物质，如 GBW 12001 400 度（NTU、FTU）浊度（Formazine）标准物质，定值不确定度±3%，有效使用期限 1 年。

不同浊度值的 Formazine 标准溶液，是用零浊度水和经检定合格的容量器具，按比例准确稀释 Formazine 浊度标准物质而获得。

400 NTU 以上的 Formazine 标准物质需存放在电冰箱的冷藏室内（4～8℃）低温避光保存，已稀至低浊度值的标准溶液不稳定，不宜保存，应随用随配。

（3）仪器和试剂。

分析天平：载荷 200 g、感量 0.1 mg 检定合格。

容量瓶：100 ml、一等，检定合格。

移液管：5 ml、一等，检定合格。

硫酸肼（$N_2H_6SO_4$）：分析纯，纯度应大于 99%。

六次甲基四胺（$C_6H_{12}N_4$）：分析纯，纯度应大于 99%。

恒温箱（或水浴箱）：容积能容下 200 ml 容量瓶，恒温 25±1℃，能连续运行 24 h 以上。

（4）制备方法。

①准确称取 1.000 g 硫酸肼，溶于零浊度水。溶液转入 100 ml 容量瓶中，稀释至刻度，摇匀、过滤后备用（用 0.2 μm 孔径的微孔滤膜过滤，下同）。

②准确称取 10.00 g 六次甲基四胺，溶于零浊度水，并转入 100 ml 容量瓶中，稀至刻度，摇匀、过滤后备用。

③4 000 NTU Formazine 标准溶液制备：

准确移取上述两种溶液各 100 ml，倒入 200 ml 容量瓶中摇匀，该容量瓶放置在 25±1℃的恒温箱或恒温水浴中，避光静置 24 h 即制成 4 000 NTU 标准液。

为了增加配制值的可靠性，可考虑配制多组、多瓶 Formazine 标准溶液，以验证配制的一致性，同时要观测 Formazine 标准溶液浊度值的变化。只有在证明其稳定性良好，在使用期间内量值的变化不超过配制值的±3%方可使用。配制好的溶液应在 4～8℃的低温避光环境下储存。

注意：标准溶解氧贮存期除有明确的规定外，一般不得超过 3 个月。

7.3.5 五参数测试单元的维护与故障排除

7.3.5.1 维护周期

仪器的运行维护主要有清洗电极、补充电解液和更换耗材 3 种，表 7－8 可根据水质的实际情况进行调整。

表 7－8 五参数测试单元的维护

维护周期	维护方式	维护内容
每周	清洁	将仪器切换至维护保养状态，将仪器从五参数测试池中取出，用软湿布轻轻擦拭相关电极探头表面，并用纯水冲洗，同时清洗五参数沉砂池
每月	补充	补充或添加 DO 电极电解液（膜法）
每半年	更换	更换 DO 电极膜或膜头，用清洗液清洗电极
每年	更换	更换 pH 玻璃电极

7.3.5.2 各仪器维护要点

（1）pH/水温电极。

建议每 1～2 个月（每周进行周核查通过的前提下）对 pH 电极校正一次，如果校正失败，则按照以下步骤保养电极：

①先用清水冲洗传感器外部，除去松散的污垢。

②再使用温热的加有肥皂水或洗洁精的温水浸泡电极，时间 5 min。

③用柔软、干净的布仔细擦拭玻璃电极测试头（彻底清洗电极和盐桥表面），如果表面污渍不能被清除，可使用 0.1 M 稀盐酸溶液浸泡电极，时间不超过 5 min。

④将电极放入温和的肥皂水中 2～3 min 来中和残留的酸。

⑤最后将电极取出，使用蒸馏水彻底漂洗干净。

注意：

➢ 如需对电极（pH、溶解氧、浊度、电导率）进行清洗、维护或维修，需先手动开启维护状态；

➢ 保持 pH 玻璃电极的表面清洁对于获得正确的测量数据非常重要，在实际使用中应定期检查玻璃电极是否有污染物附着。如果有请使用清水冲洗，切勿使用手或者其他硬物擦拭玻璃电极。

（2）膜法溶解氧电极。

建议定期每 1～2 个月（每周进行周核查通过的前提下）对电极（膜法）进行校正，如果校正失败，按照以下步骤保养电极。

①关机或将电极从连接电缆线上卸下。

②把电极从水中提起，旋下电极顶端的保护罩，再旋开盖式薄膜，把薄膜中剩下的电解液倒干净，放在一旁待用。

③用蒸馏水喷洗电极头，再用标准配备的黄色研磨薄片磨砂面轻轻擦拭电极最顶端的一点（金阴极），再用蒸馏水漂洗。

④把电极头浸泡在清洗液（RL/Ag—Oxi）中，时间 10 min。

注意：电极头最上方的参考电极不能接触到清洗液，否则会损坏电极！如果不小心接触到了，请立刻用大量的蒸馏水冲洗。

⑤用蒸馏水漂洗电极，往盖式薄膜中倒入电解液到八分满的位置，用笔轻轻敲击薄膜侧面，以赶出多余的气泡，然后再把盖式薄膜旋到电极头上，开机通电 45 min 后，校正电极。

（3）荧光法溶解氧电极。

清洗传感器外表面。如果有碎屑残留，请用湿的软布擦拭。不要将传感器放在阳光直射或者通过放射能够照到的地方。

在传感器的整个使用寿命中，如果阳关暴露时间累积达到 1 h，将会引起传感器帽的老化，从而能够引起传感器帽出错，以及显示屏上显示错误的读数。

（4）电导率电极。

电导率电极一般不需要相关保养，若电极被严重污染，则会影响测试精度。因此，建议用户通过目视检查来定期清洗电极。

每个月建议定期对电极表面进行清洗，根据污染物类型，选择合适的清洗方式清洗传感器：

①油和油脂：使用油脂去除剂（或洗洁精）清洗。

②石灰和金属氢氧化物黏附：使用稀盐酸（3%）溶解黏附物，随后使用大量清水彻底清洗。

③硫化物黏附：使用盐酸（3%）和硫胺（商业用）混合液清洗，随后使用大量清水彻底清洗。

④蛋白质黏附：使用盐酸（0.5%）和胃蛋白酶（商业用）混合液清洗，随后使用大量清水彻底清洗。

（5）浊度电极。

具备浊度自清洗（刮刷）功能或自带超声波自清洗功的电极，能较为有效地防止污染物在电极测试面上沉积，并避免由于气泡对测试面的冲撞而引起的故障。

若电极测试面受污染、在样品中长时间未正常使用、测试值与实际水样值差距过大时，建议手动清洗电极测试面。

表 7－9　浊度电极清洗方法

污染物	清洗方法
油和油脂	油脂去除剂（或洗洁精）清洗
沉淀和松软黏附物或生物附着物	软布或软刷，加有清洁剂的温自来水
盐或石灰沉积物	醋酸（体积百分比＝20%）软布或软海绵溶解黏附物，随后，使用大量清水彻底清洗

带有刮刷的浊度电极，传感器测试窗口的正确维护对测量结果的准确性相当关键。测量屏应每月清洁一次，并检查刮刷。

为保证密封，探头密封圈必须每两年更换一次。如果不定期更换密封圈，探针头部会进水，从而严重损坏仪器。

表 7－10　浊度电极主要维护工作

维护工作	维护周期
视觉检查/校正	每月
更换密封圈	每 2 年
更换刮刷或重置计数器	每个计数器（循环 20 000 次）

7.3.5.3　常见故障

通常仪器发生故障时，仪器屏幕会有简单的提示，可采取相应的措施排除故障，见表 7－11。

表 7－11　五参数测试单元常见故障及解决

故障现象	故障原因	解决方案
测试值异常（显示 OFL 或——）	测试值超量程	修改设置，更换量程
	测试无效	关机重启

表 7－11（续）

故障现象	故障原因	解决方案
校正失败	设置错误	检查仪器设置
	传感器组件连接错误	检查仪器连接是否正确
	电极探头被污染	清洁电极探头
	电极薄膜破裂	更换薄膜
	无电解液	添加电解液
	长时间没有校准	校准仪器
	斜率超出范围	更换薄膜或电极
	电极电压超出量程	更换薄膜或电极
测试值漂移	电极探头或测试窗口被污染	清洁电极探头或测试窗口
	蓄水池水位过浅	检查蓄水池是否漏水或被堵塞
	电极没有被完全极化或校准	极化、校准或更换电极
	电极测试面有气泡	调整电极的位置

7.3.5.4 站点停止运行维护

短期关机：一般关机即可，并确保五参数电极浸泡在清水或原水中。

长期关机：按以下步骤进行。

①关掉仪器电源。

②用纯净水清洗流通池、电极，保持流通池存有清洁水浸泡电极。

③拆下 pH 传感器，清洗并沥干后将 pH 电极头重新放入饱和氯化钾（KCl）溶液中（3 mol/L）；溶解氧传感器清洗并沥干，最好放置到存在饱和湿空气的环境中；其他传感器清洗并沥干，盖上保护帽即可。

④拆下 DO 电极，请将膜帽拧下来，倒掉里面的电解液，用清水冲洗膜帽内部和电极芯，擦干电极芯，甩干膜帽内部清水，将膜帽松松的旋在电极上，不要太紧，密封存放。

停机恢复运行：正常启动仪器，并按仪器流程分步检查。需要根据规范要求，进行标定、核查。

7.4 氨氮分析仪简介

7.4.1 概况

7.4.1.1 氨氮的来源及危害

氨氮是指水中以游离氨（NH_3）和铵离子（NH_4^+）形式存在的氮。动物性有机物的含氮量一般较植物性有机物为高。同时，人畜粪便中含氮有机物很不稳定，容易分解成氨。因此，水中氨氮含量指以氨或铵离子形式存在的化合氨。

氨氮主要来源于人和动物的排泄物，生活污水中平均含氮量每人每年可达2.5～4.5 kg；雨水径流以及农用化肥的流失也是氮的重要来源；氨氮还来自化工、冶金、石油化工、油漆颜料、煤气、炼焦、鞣革、化肥等工业废水中；由于氨氮经过氨的硝化过程可以形成亚硝酸盐，最终能够形成硝酸盐，而硝酸盐会通过厌氧微生物作用，还原成亚硝酸盐和氨，这样也会造成水中氨氮污染。

当氨溶于水时，其中一部分氨与水反应生成铵离子（NH_4^+），一部分形成水合氨（NH_3），也称非离子氨。非离子氨是引起水生生物毒害的主要因子，而氨离子相对基本无毒。氨氮是水体中的营养素，过量可导致水富营养化现象产生；同时氨氮还是水体中的主要耗氧污染物，对鱼类及某些水生生物有毒害。

水中的氮主要以氨氮、硝酸盐氮、亚硝酸盐氮和有机氮几种形式存在。在特定条件下，如氧化和微生物活动，有机氮可能转化为氨氮。在好氧情况下，氨氮又可被硝化细菌氧化成亚硝酸盐氮和硝酸盐氮。众所周知，亚硝酸盐对人体危害极大。当水中的亚硝酸盐氮过高，饮用此水将和蛋白质结合形成亚硝胺，是一种强致癌物质，长期饮用对身体极为不利。

目前由于城市人口集中和城市污水处理相对不利，工业生产事故和农业声场大量使用化肥使地表中的氨氮含量增加，目前我国的七大水系中仅长江和珠江水系的水质较好，氨氮在地表水的超标污染物中频频出现。因此，对地表水中氨氮的监测至关重要。

7.4.1.2 水质类别

在GB 3838—2002《地表水环境质量标准》中，氨氮是评价地表水和集中式生活饮用水地表水源地水质的基本项目，见表7－12。

表7－12 氨氮水质标准

水质类别	Ⅰ类	Ⅱ类	Ⅲ类	Ⅳ类	Ⅴ类
氨氮/（mg/L）	0.2	0.5	1.0	1.5	2.0

7.4.1.3 相关标准及规范

（1）检测方法标准见表7－13。

表7－13 氨氮检测方法标准

标准号及名称	适用范围	检测范围及检出限
《水质 氨氮的测定纳氏试剂分光光度法》HJ 535—2009 代替GB 7479—87	本标准适用于地表水、地下水、生活污水和工业废水中氨氮的测试	测量范围：0.1～2.0 mg/L 检出限：0.025 mg/L

表 7－13（续）

标准号及名称	适用范围	检测范围及检出限
《水质氨氮的测定水杨酸分光光度法》HJ 536—2009 代替 GB 7481—87	本标准适用于地下水、地表水、生活污水和工业废水中氨氮的测定	取样体积 8.0 ml，10 mm 比色皿： 测量范围：0.04～1.0 mg/L 检出限：0.01 mg/L
		取样体积 8.0 ml，30 mm 比色皿： 测量范围：0.016～0.25 mg/L 检出限：0.004 mg/L
《水质　氨氮的测定蒸馏一中和滴定法》HJ 537—2009 代替 GB 7481—87	本标准适用于生活污水和工业废水中氨氮的测定	测定下限：0.8 mg/L 检出限：0.2 mg/L
《水质　氨氮的测定气相分子吸收光谱法》HJ/T 195—2005	本标准适用于地表水、地下水、海水、饮用水、生活污水及工业污水中氨氮的测定	测量范围：0.080～100 mg/L 检出限：0.020 mg/L

（2）仪器相关标准见表 7－14。

表 7－14　氨氮检测仪器相关标准

标准号及名称	适用范围
《地表水环境质量标准》GB 3838—2002	规定了地表水中 5 个类型分类及其总氮限值
《氨氮水质自动分析仪技术要求》HJ/T 101—2003	本技术要求规定了地表水、工业污水和市政污水的基于电极法和分光光度法的氨氮水质自动分析仪的技术性能要求和性能试验方法，适用于该类仪器的研制生产和性能检验

7.4.2　监测原理

7.4.2.1　水杨酸分光光度法

在清洗测量室后，待分析样品被加入测量室，并加热一定温度。然后，一定量的缓冲溶液（调节试样 pH 为碱性）和水杨酸盐［水杨酸溶液—硝普钠（亚硝基铁氰化钠）］被注入到测量室，并进行基线校正。而后加入次氯酸钠溶液到测量室，生成蓝绿色化合物，在一定波长（约 697 nm）下进行比色测量，生成颜色的深浅程度正比于样品中氨氮的浓度。

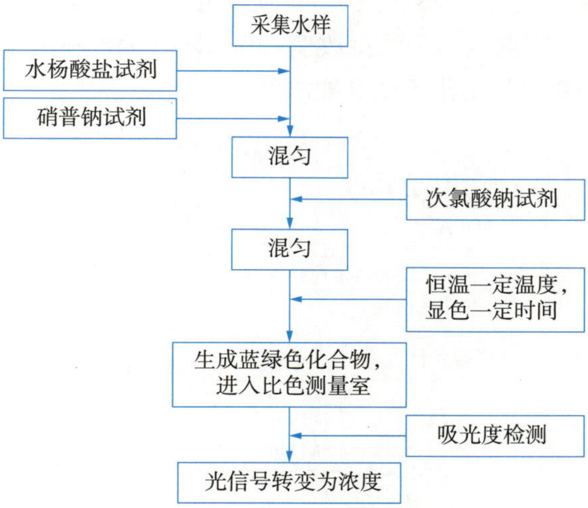

图 7－12　水杨酸分光光度法测定示意图

7.4.2.2　纳氏试剂分光光度法

碘化汞（或氯化汞）和碘化钾的碱性溶液（纳氏试剂）与氨反应生成淡红棕色胶态化合物，其色度与氨氮含量成正比，通常可在波长 420 nm 处测其吸光度，计算其含量。

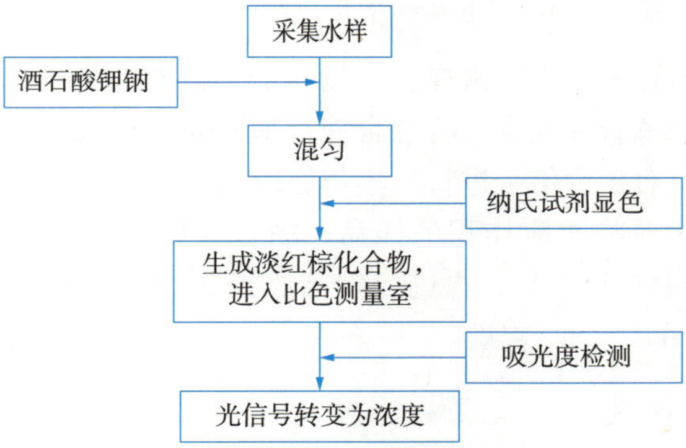

图 7－13　纳氏试剂分光光度法测定示意图

7.4.2.3　电极法

氨气敏电极为复合电极，以 pH 玻璃电极为指示剂，银一氯化银电极为参比电极。电极对放置于盛有 0.1 mol/L 的氯化铵内电解液的塑料管中，管端部紧贴指示剂电极敏感膜处装有疏水半渗透膜，使内电解液与外部试液隔开，半透膜与 pH 玻璃电极之间有一层很薄的液膜。当水样中加入强碱溶液，将 pH 提高到 11 以上，使水样中的铵盐转化为氨（$NH_4^+ + OH^- = NH_3 + H_2O$），生成的氨由于扩散作用通过半渗透膜（水和其他粒子则不能通过），使氯化铵电解液膜层内 $NH_4^+ = NH_3 + H^+$ 的反应向左移动，引起氢离子浓度改变，由 pH 玻璃电极测得其变化，以标准电流信号输出，pH 的变化量正比于氨氮的浓度。

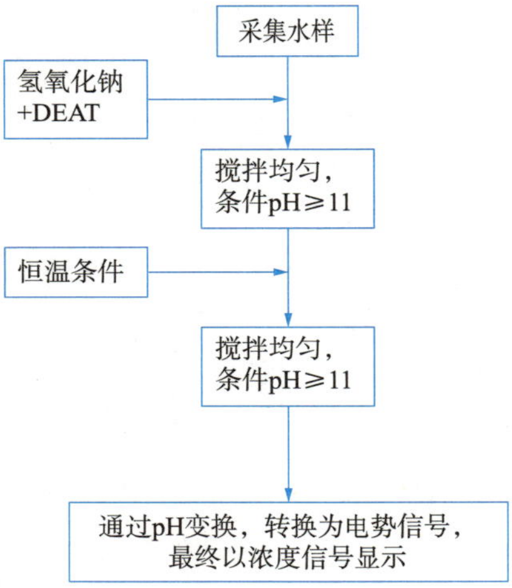

图 7－14　电极法测定示意图

7.4.3　测试流程

7.4.3.1　分光光度法氨氮分析仪测量流程

水杨酸法：仪器首先依次将水样、水杨酸盐和酒石酸钾钠、硝普钠试剂和次氯酸钠试剂定量移至消解管并混合，将混合液反应一定的时间，然后将反应液抽取至比色模块进行比色，对检测信号进行采集与处理，并将测定结果显示在显示屏上。

纳氏试剂法：仪器将相应体积的样品、酒石酸钾钠和纳氏试剂输送到测量室（流通池）内，充分混合反应后，再进行分光光度法检测，根据样品的吸光度值计算得到样品的氨氮（NH_3－N）含量。

7.4.3.2　电极法氨氮分析仪测量流程

（1）水样先后经图 7－16 中阀体 2、1 由计量泵进入测量池体。

（2）试剂经两位阀体 4 由计量泵进入测量池体，并与水样混合。

（3）清洗液经阀体 2、1 由计量泵进入测量池体。

（4）插入测量池体的氨气敏电极与反应样品接触时，氨气敏电极产生随被测离子浓度变化而成比例变化的电信号，此信号被数据处理单元接收处理，最后经显示单元将浓度值显示。

（5）测量后，测量池体中的样品经废水接口流入废水管线。

（6）在进行校准时，仪器不进样品，校准液依次通过电磁阀 3、1 由计量泵进入测量池体。

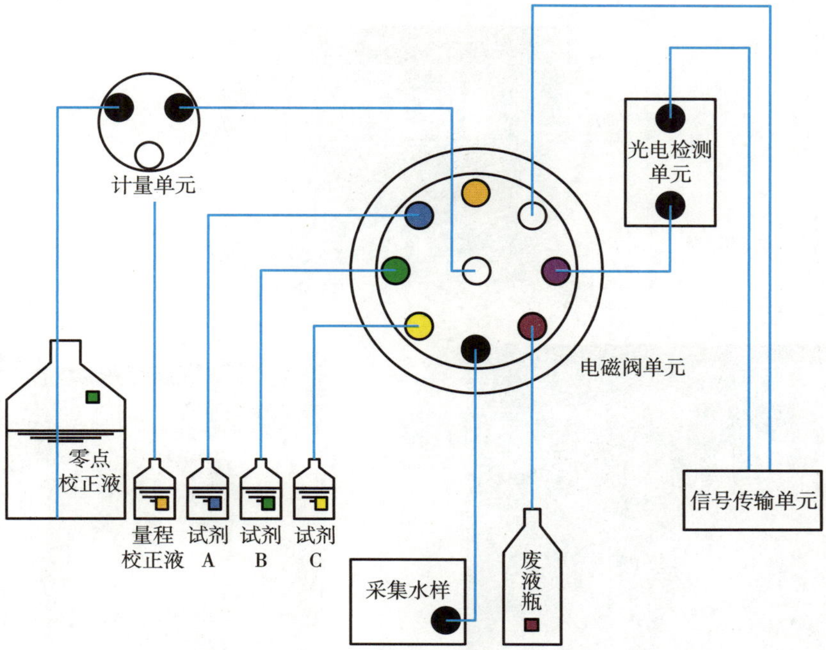

图 7－15　氨氮自动监测仪流程示意图

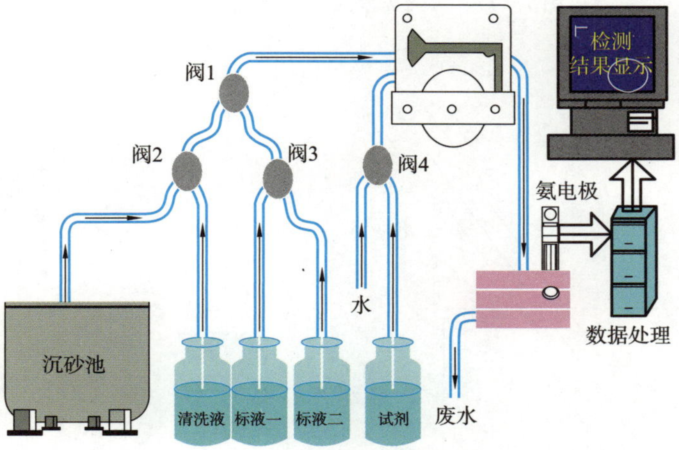

试剂：氢氧化钠＋EDTA溶液

图 7－16　电极法氨氮分析仪流程示意图

7.4.4　主要部件及日常运维工作

7.4.4.1　常见仪器内部构造

常见氨氮分析仪内部构造见图 7－17、图 7－18。

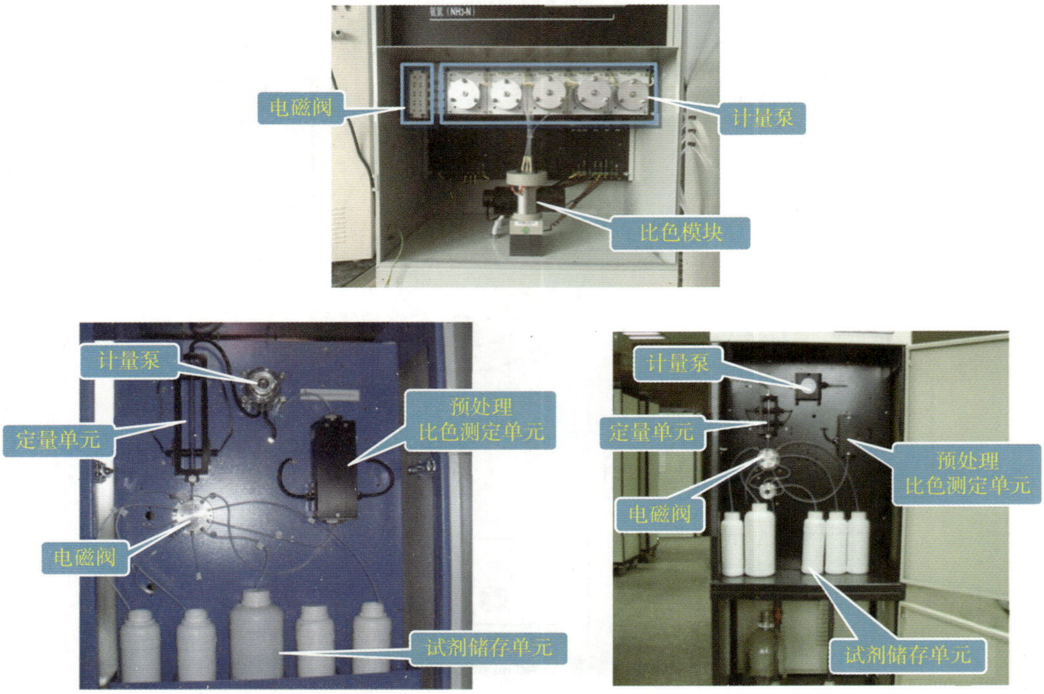

图 7－17　分光光度法氨氮分析仪内部构造

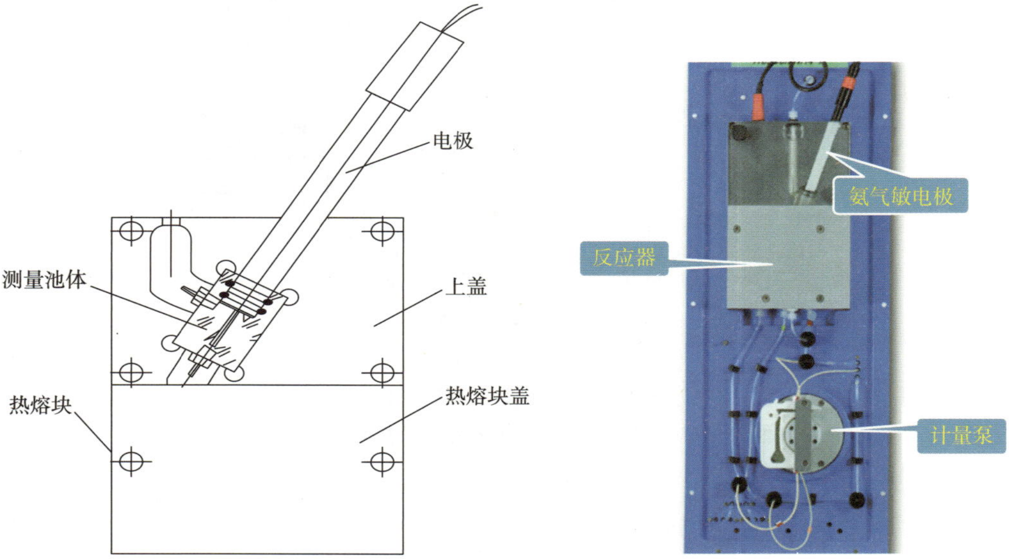

图 7－18　电极法氨氮分析仪内部构造

7.4.4.2 主要部件

（1）电磁阀。

主要有三通阀、八通阀或多通道阀，主要用来使管路通断或流动方向的控制。

（2）计量泵。

①蠕动泵。

通过其内部滚轮的单方向同速转动将电磁阀导入管路的溶液以恒定的流速导入测量池体。

②注射泵。

通过注射塞的上下移动将电磁阀导入管路的溶液以恒定的流量导入测量池体。

（3）电子控制部分 。

在设备第一次投入运行时，检查：组件与各自连接器是否连接好；电源组件，提供所有供电以及信号传输功能；主控板，同显示屏组件通过排线相连；显示屏组件，主要为全中文触摸屏。

（4）测量室（分光光度法氨氮分析仪专用）。

①测量室的两侧。

- 右侧：光发射器。
- 左侧：光接收器。
- 上部：试剂进入管道。
- 下部：磁力搅拌电机。

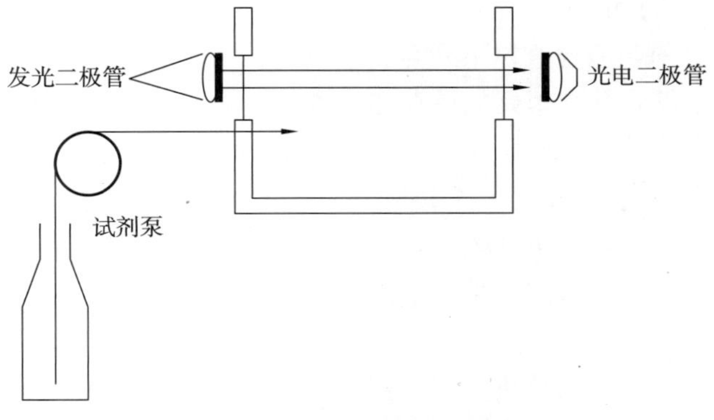

图 7－19　测量室工作原理示意图

②加热测量室。

对于氨氮的测量，显色反应可在一定的温度下发生。

加热室为不锈钢材质，并可控制样品在分析前，保持在一定的温度范围内。

加热可加速化学反应，因此可以减少反应时间。

带有热防护的加热电阻器，安装在加热室的里面。温度调节可通过电路进行控制。

（5）氨气敏电极（电极法氨氮分析仪专用）。

氨气敏电极包括平头的 pH 玻璃电极和银/氯化银电极，两支电极通过含有铵离子的内充液被组装在一起，作为 pH 测量电对。

7.4.4.3 基础运维工作

（1）定期更换试剂及耗材。

①每周检查试剂是否充足，并在试剂用完或有效期前更换新的试剂。

②更换试剂后，应执行做校准循环。

③每个月检查、清洗一次测量室，确保清洁，清洗时可以使用浓度为 5％的稀盐酸，然后用蒸馏水彻底清洗。

④每 3 个月更换一次计量泵管。

⑤对所有装配件每年进行一次彻底清洁和检查。

⑥因为实际水样经常有絮凝物和微小颗粒，所以要经常清洗水样进液管。

⑦以上的每一步操作完成后，都必须对仪器进行引泵和校准。

⑧对氨氮的分析，3 种原理的分析仪均涉及到碱性试剂或毒性试剂，配制试剂时，必须按实验室操作规程准确操作，并佩戴防护器具。

（2）校准。

①仪器一般都有自动校准和手动校准两种模式。一般情况下自动校准能满足仪器基本需求。

②仪器初次安装、更换部件、故障修复后须使用手动校准模式，校准完成后进行 1～2 次标液核查即可。

③每次校准之前，应检查以下几点：

➢ 试剂是否足够，并被很好的储存和放置；

➢ 至少每 3 个月更换一次泵管；

➢ 测量室是否保持干净。

④如果测量室有污渍，可加入少量的稀盐酸进行清除，然后用蒸馏水彻底清洗。

⑤在仪器外部有校准管路，标准溶液可通过此管进入仪器。

（3）更换试剂。

①根据仪器工作时间（分析时间，校准循环频率），定期更换试剂。

②按如下步骤更换试剂：

➢ 更换新试剂；

➢ 进入用户菜单，控制各试剂的计量泵吸取试剂，确保新鲜的试剂溶液充满管路；

➢ 用蒸馏水清洗测量室；

➢ 最后，排空测量室；

➢ 在进行一两次循环后，执行校准循环，确保仪器测量的准确性。

③试剂可以用 1 L 或 2 L 的试剂瓶，更换试剂的时候，最好连试剂瓶一起更换，而不是只加满试剂，以避免试剂被沾污或稀释引起误差。用新更换的试剂清洗泵，

检查试剂是否通过管子进入测量室，有无漏液。

注意：缺少试剂会导致仪器出现测量结果极不稳定、测量数据出现重大偏差等现象，严重时会对仪器硬件造成严重损害。

（4）部件检查及更换。

①仪器一般都带有手动诊断的界面，该界面里边控制各个部件的工作，可以通过这个界面观察各部件是否正常。

②当发生所有管路或是大部分管路无法正常进样或是排液的故障时，首先应在计量泵上查找问题，检查密封情况及管路是否有破损或者管路堵塞，依然有问题，最后检查是否有部件损坏。

③电磁阀堵塞或密封不好也会造成采排液异常。

④更换泵管：将计量泵从仪器上拆卸下来之前，应将所有的液路管连接至蒸馏水中，引泵 2 min 以上，清洗计量泵后，再更换泵管。

注意：每个厂家使用的硬件都不同，一定要使用仪器生产厂家提供的备件进行更换。如计量泵：每种泵的泵管接头、泵体的结构是经过特别设计的，每种型号的泵须配套使用，不同型号的泵之间不能混用。

（5）仪器停机。

如果监测仪停止测量样品超过一天及以上的一段时间，为避免仪器再次测量时出现问题，请按如下步骤及进行操作：

➢ 进入用户使用菜单里的部件测试中，点击计量泵菜单，用蒸馏水清洗试剂泵；或者所有管路的试剂更换为蒸馏水，使仪器运行完成一个流程。

➢ 用洗瓶刷清洗测量室，如果必要可以用稀盐酸来清洗。去除管路中的颗粒物和藻类。

➢ 排空测量室。

➢ 关闭仪器电源。

➢ 关闭进样阀。

当仪器再次开机，重新测量样品时，必须引动计量泵，确保新鲜的试剂溶液充满管路，并用大量的蒸馏水清洗测量室。然后执行 2～3 次校准循环，再进行样品测量，确保仪器测量的准确性。

7.4.4.4 氨氮电极维护注意事项

（1）校准完成后，首先观察电极斜率，如果电极斜率在正常范围（肖特电极在 53～60.5），则电极正常。

（2）另外，半透膜脏污、有气泡、老化及电极故障会造成测量值偏高或偏低且校准不准确或无效。半透膜损坏会造成测量值偏高。

（3）电极法仪器的反应室一般有两种，一种是搅拌形式的，主要观察搅拌子是不是能正常工作。另一种是流通形式的，观察流通室内有没有气泡。

（4）若仪器停机不用，将氨氮电极浸泡到 NH_4Cl 溶液中。

（5）氨氮电极是电极法氨氮分析仪比较重要的一个部件，而且价格比较昂贵，在拆装电极时有些注意事项如下：

①将电极轻轻从包装内取出。

②旋开电极下端杆，取出玻璃电极，轻轻放置在干净的滤纸上，排空电极内充液，不要用手触碰玻璃电极。

③旋开电极下端杆上的黑色帽，取出一片平整洁净的电极膜，将电极膜的中心与下端杆的中心重合，轻轻旋紧黑色帽，保证电极膜平整。

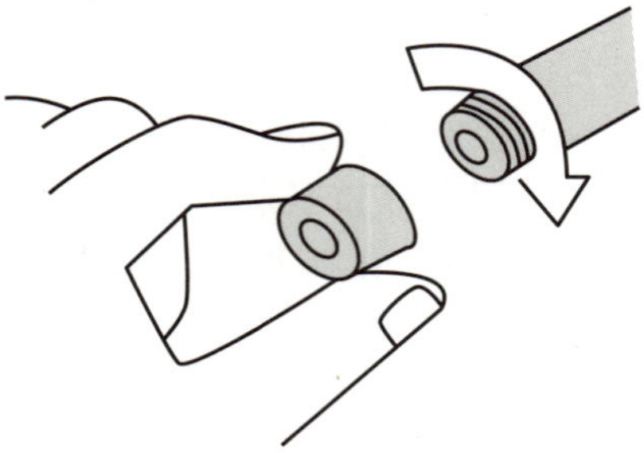

图 7－20　拆装氨氮电极示意图

④沿电极测量杆内壁滴入 3～5 ml 内充液，轻轻手弹振动电极测量杆，确保杆内气泡逸出。不可用手或其他物体触碰电极膜。

⑤将玻璃电极倾斜轻放入电极测量杆内，缓慢上下移动玻璃电极数次，可排除两者间的气泡，检查玻璃电极是否浸没在内充液中，否则请添加内充液。然后旋紧电极测量杆。

⑥由于电极长期存放或运输过程中处于干放状态，因此使用前必须进行浸泡活化。电极添加内充液后，旋松电极测量杆至螺纹一半处，然后将电极放入少量 0.1 mol/L 氢氧化钠溶液（电极膜能完全浸没即可），浸泡 4～20 h，方可正常使用。

⑦取出电极连接线，连接至电极。

7.4.5　常见故障判断及排除

7.4.5.1　电极法

表 7－15　电极法常见故障判断及排除

故障	可能的原因	排除方法
测定值偏高	配制的校准液不准确或时间太长	重新配制校准液
	电极气透膜有气泡	用手轻轻向下按电极，排除气泡
	电极气透膜沾污	清洗气透膜
	电极电极故障	维护或更换电极
	电极气透膜老化或损坏	更换气透膜

表 7－15（续）

故障	可能的原因	排除方法
测定值偏低	配制的校准液不准确	重新配制校准液
	试剂用完	添加试剂
	电极响应缓慢	换内充液重装电极
	电极气透膜老化	更换气透膜
	电极故障	维护或更换电极
	电极气透膜沾污	清洗气透膜
校准无效	配制的校准液不准确	重新配制校准液
	电极响应缓慢	换内充液重装电极
	电极气透膜玷污	清洗气透膜
	校准液用光	配制校准液
	电极气透膜老化	更换气透膜
	电极故障	电极维护或更换电极

7.4.5.2 分光光度法

表 7－16 分光光度法常见故障及排除

故障	可能的原因	排除方法
校准超时报警	校准超时	检查校准数据设置是否正确 检查对应的样品量是否充足
测量室温度报警	加热控制电路损坏 温度传感器损坏	检查对应的样品量是否充足 清洗管路
空白超时报警	空白超时	检查空白数据设置是否正确 检查对应的样品量是否充足
泵没进试剂	管路漏气或泵管粘连	用注射器向进液管加空气，将管路撑开 如果经上述没有解决，拆除泵的泵管，用尖嘴钳挤压泵管，避免泵管粘连
泵指针不能回到原位	微动开关故障	卸下泵体，检查微动开关，必要时更换
测量值不稳定	液路问题 泵管是否需要更换	试剂及去离子水是否过期或被污染 测量室是否干净 检查泵能否回到原位 排液是否通畅 更换泵管

7.5 高锰酸盐指数分析仪简介

7.5.1 概况

化学需氧量是指在一定严格的条件下，水中的还原性物质在外加的强氧化剂的作用下，被氧化分解时所消耗氧化剂的数量，以氧的 mg/L 表示。化学需氧量反映了水中受还原性物质污染的程度，这些物质包括有机物、亚硝酸盐、亚铁盐、硫化物等，但一般水及废水中无机还原性物质的数量相对不大，而被有机物污染是很普遍的。因此，化学需氧量可作为有机物质相对含量的一项综合性指标，其测定可用重铬酸钾或高锰酸钾做氧化剂。

在我国，高锰酸盐指数测定的国家标准方法为《水质 高锰酸盐指数的测定(GB 11892—89)》，该方法适用于饮用水、水源水和地表水的测定。对污染较重的水，可少取水样，经适当稀释后测定。该方法不适用于测定工业废水中有机污染的负荷量，如需测定，可用重铬酸钾法测定化学需氧量。

高锰酸盐指数是指在一定条件下，用高锰酸钾氧化水样中的某些有机物及无机还原物质，由消耗的高锰酸钾量计算相当的氧量，表示单位为氧的毫克/升（O_2，mg/L）。

根据水体中氯离子含量不同，高锰酸盐指数测定分为酸性法和碱性法，常规地表水一般采用酸性法测定，当水样中氯离子浓度大于 300 mg/L 时，则需采用碱性法测定。

在《地表水环境质量标准》（GB 3838—2002）中，高锰酸盐指数被列为地表水环境质量标准基本项目，标准限值（湖、库）见表 7－17。

表 7－17　高锰酸盐地表水环境质量标准

水质类别	Ⅰ类	Ⅱ类	Ⅲ类	Ⅳ类	Ⅴ类
高锰酸盐指数/（mg/L）	2	4	6	10	15

7.5.1.1 分析检测标准

表 7－18　高锰酸盐地表水分析检测标准

标准号及名称	适用范围	测量范围
GB 11892—1989 水质高锰酸盐指数的测定	饮用水、水源水和地表水	0.5～4.5 mg/L

7.5.1.2 技术规范

表 7-19 高锰酸盐地表水分析检测技术规范

标准号及名称	适用范围
GB 3838—2002（地表水环境质量标准）	规定了地表水中五个类型分类及其高锰酸盐指数限值
HJ/T 100—2003 高锰酸盐指数水质自动分析仪技术要求	本技术要求规定了地表水高锰酸盐指数水质自动分析仪的技术性能要求和性能试验方法，适用于该类仪器的研制生产和性能检验

7.5.2 监测原理

随着我国水质自动监测系统的普及，高锰酸盐指数自动分析仪在性能指标，功能和规范化方面日趋成熟，在地表水水质自动监测中发挥了重要的作用。

过去，我国地表水水质在线监测项目中大部分采用进口品牌的高锰酸盐指数自动分析仪，现在，随着国内在线水质自动分析仪技术的发展，国产品牌的高锰酸盐指数自动分析仪也日臻完善，在地表水水质监测的应用中越来越广泛。

高锰酸盐指数自动分析仪采用的方法原理主要有 3 种：高锰酸盐氧化一比色滴定法，高锰酸盐氧化一ORP 电位滴定法和 UV 法。

前两种方法化学反应过程没有本质的区别，只是判断滴定终点的方法不同，其中高锰酸盐氧化一ORP 滴定法因为滴定终点采用氧化还原电位来判断，不受水样浊度和色度的干扰，比传统的比色法更加准确可靠，因而在高锰酸盐指数自动分析仪中得到广泛的应用。

UV 法在欧美和日本应用较多，但在我国尚未推广使用。

7.5.2.1 分析仪检测方法

水样进入仪器的反应室后，加入硫酸（碱性法测定时加入氢氧化钠）和定量的高锰酸钾，加热到一定温度进行消解，消解完成后加入过量草酸钠（碱性法测定时先加入硫酸酸化）还原剩余的高锰酸钾，然后缓慢加入高锰酸钾标准溶液进行滴定，直至将多余的草酸钠全部氧化，此时根据溶液的 ORP 电位值（电极检测法）变化或者溶液颜色（分光光度法）的变化来判定滴定终点，并计算水样高锰酸盐指数的测定值。

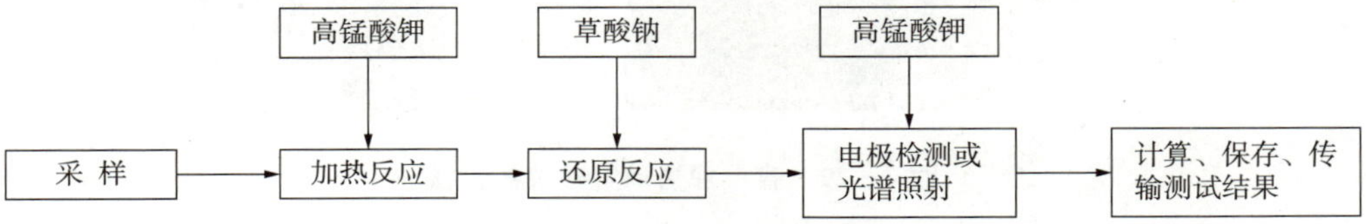

图 7-21 高锰酸盐分析方法示意图

7.5.2.2 分析仪消解方法

因为高锰酸盐指数是相对指标，测定条件尤其是消解条件对测量结果的影响极大，国家标准《水质高锰酸盐指数的测定》（GB 11892—89）中规定消解需要在沸水浴中消解 30 min，但是在自动分析仪上实现有一定困难，目前高锰酸盐指数自动分析仪的消解方法主要分为 3 种，溶液直接加热消解、电热丝加热消解和油浴消解。

表 7－20　高锰酸盐分析仪消解方法

消解方式	消解时长	消解效率	部件成本	维护成本	试剂量
直接加热	10 min	较高	低	低	高
电热丝加热	10 min	较高	较高	高	低
油浴消解	30 min	高	高	高	高

（1）直接加热消解法。

加热器安装在消解杯中，加热器外壳由耐高温，耐酸碱腐蚀的稀有金属组成，不对溶液的成分造成干扰，反应时发热部分没入溶液中直接加热，温度信号由温度传感器传输到中央控制器，据此控制加热器的工作状态，保证反应在设定的温度范围内进行。

在消解杯内放置磁力搅拌子，由消解杯底部的搅拌马达带动旋转搅拌，搅拌速度可以自由调节，保障溶液混合均匀，使反应及时快速地进行。

同时在消解杯上方有冷凝管，对蒸发的水样进行空气冷凝回流，以避免消解过程中由于样品挥发造成测量误差。

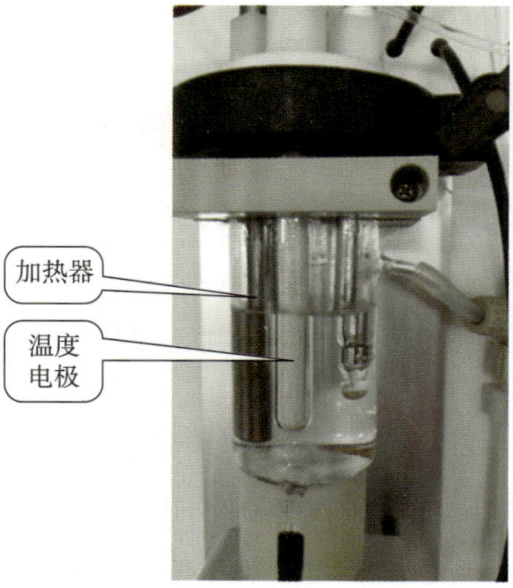

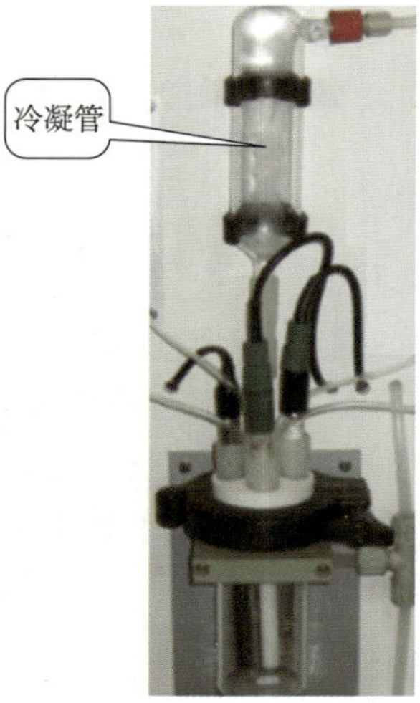

图 7－22　直接加热消解法仪器设备

溶液直接加热消解效率较高，所以反应时间一般较短，水样进样量也与国标接近。同时，搅拌子直接搅拌的方式使滴定反应更快速和均匀。

（2）电热丝消解。

在消解杯的外部缠绕电热丝加热，温度信号由温度传感器控制。溶液反应时采用注入空气的方式进行搅拌。

一般采用电热消解时，水样的进样量比较小，否则加热温度波动会较大。

（3）油浴消解。

消解杯夹层中加入导热硅油，通过加热器对硅油加热并保持在设定的温度，温度传感器浸没于硅油中，用于导热硅油的温度控制。

油浴加热消解更接近于国标方法中规定的水浴加热消解，消解时间也较长，一般在 30 min 左右。

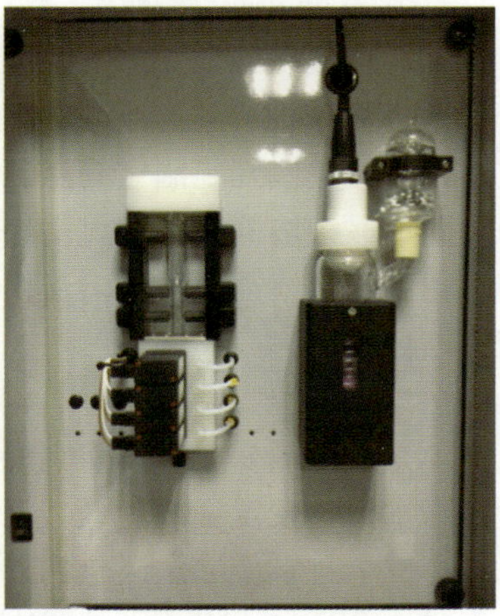

图 7－23　电解丝消解设备

（4）消解条件的选择。

高锰酸盐指数测定中，仪器用水，硫酸浓度，高锰酸钾浓度，消解温度和消解时间都会对测定结果产生比较大的影响，需要对这些条件进行严格的控制和调节。

①仪器用水。

《水质高锰酸盐指数的测定》（GB 11892—89）中规定，测定高锰酸盐指数的蒸馏水需要经过酸化后加入高锰酸钾重蒸馏，以排除蒸馏水中微量的还原性物质影响测定结果，在实际应用中，难以达到这一条件的情况下，也可以使用合格的超纯水或者高质量的市售纯净水。

②高锰酸钾浓度。

由化学平衡原理可知，如果提升反应体系中反应物的浓度的话，就会导致化学反应的平衡朝生成物方向转移，所以，通常情况下，如果提升高锰酸钾溶液的浓度，就会增长高锰酸钾的氧化性，从而造成高锰酸盐指数的测定结果发生正偏差的现象。当高锰酸钾的浓度过大的时候，就会发生分解化学反应，瓶壁上会产生二氧化锰黑色沉淀，而产生的这些二氧化锰又会催化高锰酸钾分解，加剧其分解现象。另外，如果储存时间过长的话，也会出现这种现象。

③消解温度与消解时间。

消解温度越高，消解时间越长，都会导致高锰酸钾的消解率升高，《水质高锰酸盐指数的测定》（GB 11892—89）中规定，试样需要在沸水浴中消解 30 min。

高锰酸盐自动分析仪采用油浴加热时，油温一般控制在 100℃，消解 30min，采用溶液直接加热或者电热丝加热的方式消解时，温度一般控制在 95～97℃ ，消解时间一般在 10～30min。

7.5.2.3 分析仪滴定终点判定方式

高锰酸盐指数分析仪的滴定终点判定方式有两种，一种是比色法，另一种是ORP电极电位法。

（1）比色法判定滴定终点。

高锰酸钾溶液呈现明显的红色，在用高锰酸钾溶液滴定水样中过量的草酸钠时，一旦达到滴定终点，反应溶液由草酸钠过量转变为高锰酸钾过量，溶液也由无色转变为红色。

在消解杯上安装比色计，溶液颜色的变化引起光度计光度值的变化，从而判断达到滴定终点。

当水样比较混浊或者色度较高的时候，会对比色法造成干扰，使滴定终点的判断出现错误。

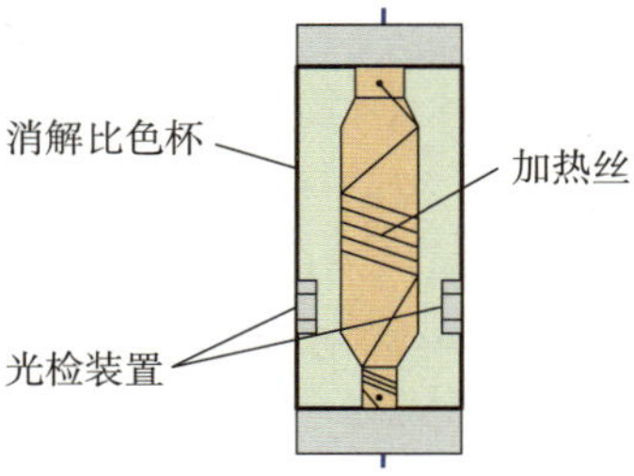

图7－24　比色法设备示意图

（2）ORP电极电位法判定滴定终点。

ORP电极电位会随着溶液的氧化性强弱发生变化，而在高锰酸盐指数的测定中，当溶液中草酸钠过量时，溶液氧化性较弱，ORP电极的电位也会比较低，当达到滴定终点时，反应溶液由草酸钠过量转变为高锰酸钾过量，此时溶液的氧化性变强，ORP电极的电位会在此过程中产生突变。

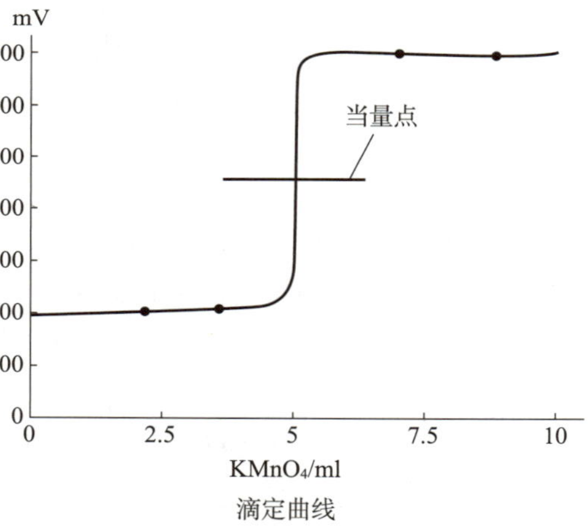

图7－25　高锰酸盐滴定曲线

根据ORP电极的这一特性，可准确判断高锰酸盐指数测定中的滴定终点，并且ORP电极电位不受样品浊度和色度的干扰，因此在高锰酸盐指数自动分析中的应用越来越广泛。

7.5.3 仪器检测流程

分析仪进样方式一般采用蠕动泵进样或者注射泵进样，按照进样方式的不同，测量流程略有不同。

（1）待测水样进入待测样水杯，水样杯内有液位开关探测待测水样液位，当水样不足时，仪器会发出警报，停止测量。

（2）仪器进行测量时，将水样杯中的待测水样泵入反应杯中进行润洗，润洗结束后排空，然后重新注入定量的待测水样，同时泵入定量硫酸。

（3）仪器通过电磁阀控制水样，低标和高标，并且每次进样前都会抽取相应的样品进行润洗，避免交叉污染引入测量或者标定的误差。

（4）进样结束后，在搅拌子的搅拌作用下，开启反应杯中的加热，将溶液加热到 95 ℃，并始终保持在该温度。

（5）溶液温度达到设定的反应温度 95℃后，加入定量的高锰酸钾溶液进行氧化，在此过程中，水样中的某些有机物及无机还原物质被高锰酸钾氧化。

（6）氧化反应结束后，加入定量的草酸钠溶液，和溶液中剩余的高锰酸钾发生反应，反应完后过量部分的草酸钠精确的反映了待测水样的高锰酸盐指数。

（7）上述反应结束后，以非常缓慢的速度匀速泵入高锰酸钾溶液与反应溶液中过量的草酸钠反应，直至将草酸钠反应完毕，达到滴定终点时停止并记录，最后通过 ORP 电极或者光谱照射计算出样水中高锰酸盐指数的含量。

（8）每次测量结束，仪器会自动清洗反应杯，清洗水进入反应杯清洗后重新注入清洗水，保护 ORP 电极等主要部件，在下次测量前再排空。

7.5.4 仪表主要部件及维护

分析仪由泵阀系统，消解系统，ORP 电极以及中央控制器组成，各系统部件功能介绍和日常维护如下。

7.5.4.1 泵阀系统维护

蠕动泵管在长时间的运行中会因为反复挤压产生轻微的变形，因而需要定期更换蠕动泵管，一般 6 个月左右更换一次。

蠕动泵的导管更换流程如下：

➢ 手动操作将蠕动泵关闭；

➢ 将旧蠕动泵导管取下；

➢ 手动打开蠕动泵运行 3～4 周使导管内清空；

➢ 当泵在运转时，将旧导管顺时针方向取出；

➢ 将新导管一端安紧在接头上，再用手将其顺时针方向绕滚动轮转动，使它平整地安装在蠕动泵内壁上，确保导管既不太紧，也不太松，而且没有扭曲；

➢ 让蠕动泵运行 3～4 个周期，使导管能够自我调节到适当的张力。如果发现导管太长，应在它的上部末端将它剪短；

➢ 仪器的电磁阀用于流路控制和排放控制，因为口径较大，不容易堵塞，因此在实际应用中故障较少，日常运行中发现堵塞时可将电磁阀旋开，用清水将堵塞物冲走即可。

7.5.4.2 消解系统检查

仪器的消解系统包含玻璃反应杯，搅拌器，加热器和温度传感器等关键部件。

（1）日常运行需要定期观察玻璃反应杯是否有裂缝或者泄漏，如有，需要及时更换。

（2）搅拌器由搅拌子和搅拌电路板组成，搅拌子直接在反应溶液中工作，用于反应溶液的搅拌混匀，保证溶液的充分和快速反应，搅拌速度可以通过搅拌电路板进行调节。

（3）搅拌器搅拌出现故障时会导致仪器测量结果出现较大的偏差，所以平时运行需要调整好转速，如果搅拌器不工作，需要更换搅拌电路板或者搅拌电机。

（4）加热器和温度传感器用于反应溶液的温度控制，保证反应在设定的温度范围内进行，其中加热电极外壳由稀有金属组成，直接在溶液中加热，提高了加热效率，温度信号由温度电极传输到中央控制器，据此控制加热电极的工作状态。

（5）加热器不能正常工作时仪器会出现加热报警，仪器停止工作，需要检查和更换加热棒或者加热电路板。

7.5.4.3 ORP 电极更换与检查

ORP 电极作为滴定终点的判断工具，在分析仪中有着非常重要的作用，ORP 电极一般每 12 个月更换一次，更换时将连接 ORP 的传感线接头旋松拧开，然后将保护套旋出，取下 ORP 电极和塑胶垫圈，将垫圈和保护套依次套进新的 ORP 电极，放入反应杯中旋紧，最后连接好传感线。ORP 电极尤其是电极末端的球泡是易碎品，更换时要小心碰撞。

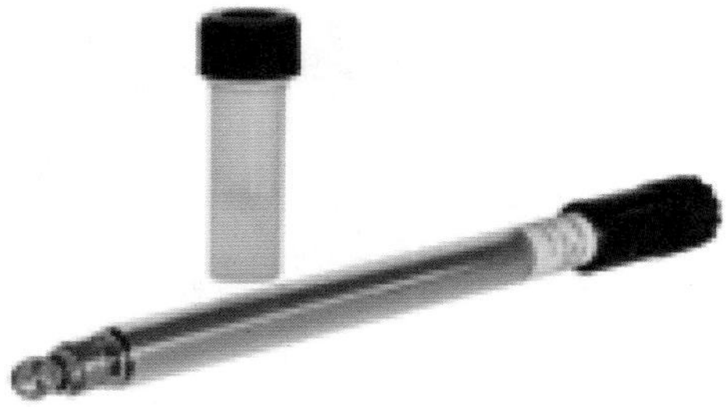

图 7－26 专用 ORP 电极

日常运行测量出现数据偏差或者故障时，需要注意检查 ORP 电极电位。可以根据 ORP 电极电位判断电极状态，即在反应过程中，若溶液中草酸钠过量，溶液呈无色，则 ORP 电极电位应小于滴定终点电位值；若溶液中高锰酸钾过量，溶液呈红色，则 ORP 电极电位应大于滴定终点电位值；如果不是这样，则可能 ORP 电极已经老化，需要更换。

7.5.4.4 仪器的标定

高锰酸钾滴定法具备良好的线性，所以高锰酸盐指数分析仪一般采用两点标定来对仪器进行校准，但是不同校准溶液的使用会产生不同的标定结果，一般常用的标准溶液有草酸钠标准溶液，间苯二酚标准溶液和葡萄糖标准溶液。其中，草酸钠标准溶液最容易被高锰酸钾氧化，而葡萄糖的氧化率则比较低，所以大部分仪器采用草酸钠作为标准溶液来进行标定。

标准溶液的浓度可以根据实际水样的高锰酸盐指数值来进行选择，一般 1 个星期标定一次。

草酸钠溶液和高锰酸钾溶液在高温和光照下容易分解，给测量和校准带来误差，如果仪器停机时间较长后重新使用，需要更换试剂后重新标定，或者将试剂管路中的残留试剂先抽走再抽入新鲜的试剂后进行标定。

7.5.5 常见故障分析及处理

分析仪一般自带报警和报警显示功能，当仪器运行出现故障时，仪器会自动报警并显示报警内容，仪器随后处于停机状态，故障接触后自动恢复测量。

常见报警内容与解决措施见表 7－21。

表 7－21 常见报警内容与解决措施

故障	报警原因	解决措施
采样液面报警	采样杯缺测量水	检查采样杯是否有足够测量水，如没有则检查仪器和采水系统是否有管路堵塞以及系统采水是否正常。否则，就是液位计或其导线有问题
标液液位报警	缺标液或者线路问题	更换新的标准溶液。如不能消除报警，则可能液位计或其导线有问题
消解液位报警	缺消解液或者线路问题	更换新的消解剂。如不能消除报警，则可能液位计或其导线有问题
氧化剂液位报警	缺氧化剂或者线路问题	更换新的氧化剂。如不能消除报警，则可能液位计或其导线有问题
还原剂液位报警	缺还原剂或者线路问题	更换新的还原剂 。如不能消除报警，则可能液位计或其导线有问题
数据异常	没有斜率，标定未通过	①检查标液是否正常，更换新的试剂与标液，重新标定 ②重新标定仍然显示斜率错误的话检查 ORP 电极是否正常或者光源是否正常

表 7 - 21（续）

故障	报警原因	解决措施
控制点报警	水样异常或者标定异常	测量值超过设置的报警点，检查水样是否异常，如果水样正常则仪器需要重新标定
加热时间报警	加热器异常或线路问题	加热棒或者加热板坏了，需要更换
滴定报警	仪器异常、试剂、线路问题	①检查加热器是否正常，在手动操作菜单中打开阀 5 放入清洗水至反应杯中，打开加热棒加热看温度是否上升 ②检查试剂是否正常，可能是高锰酸钾浓度过低或草酸钠浓度过高，若试剂正常，则检查 ORP 电极电位是否正常
搅拌子不转	搅拌电路板或搅拌电机坏了	更换新的搅拌电路板或搅拌电机
加热棒不加热	加热电路板或加热棒坏了	更换新的加热电路板或加热器
仪器不能启动	主保险丝断了	更换保险丝（在电源箱内）
显示屏黑屏	保险丝断了	更换保险丝（在电源箱内）
通信异常	通信连接线没插好或有故障； 主控制板通信模块有故障	①检查通信连接线 ②维修或更换主控制板
参数读取异常	主控制板配置失败	恢复出厂设置，并重新配置参数；必要情况下联系客户维修部

7.6 总磷分析仪简介

7.6.1 概况

7.6.1.1 总磷的介绍

总磷，简称 TP，水中的总磷含量是衡量水质的重要指标之一。水中磷可以元素磷、正磷酸盐、缩合磷酸盐、焦磷酸盐、偏磷酸盐和有机团结合的磷酸盐等形式存在。其主要来源为生活污水、化肥、有机磷农药及近代洗涤剂所用的磷酸盐增洁剂等。

富营养化是指因水体中 N、P 等植物必需的矿质元素含量过多而使水质恶化的现象。水体中含有适量的 N、P 等矿质元素，这是藻类植物生长发育所必需的。但是，如果这些矿质元素大量地进入水体，就会使藻类植物和其他浮游生物大量繁殖。这些生物死亡以后，先被需氧微生物分解，使水体中溶解氧的含量明显减少。

接着，生物遗体又会被厌氧微生物分解，产生出硫化氢、甲烷等有毒物质，致使鱼类和其他水生生物大量死亡。发生富营养化的湖泊、海湾等流动缓慢的水体，因浮游生物种类的不同而呈现出蓝、红、褐等颜色。富营养化发生在池塘和湖泊中叫作“水华”，发生在海水中叫作“赤潮”。池塘和湖泊的富营养化不仅影响水产养殖业，而且会使水中含有亚硝酸盐等致癌物质，严重地影响人畜的安全饮水。

7.6.1.2 水质类别

我国地表水环境质量标准（GB 3838—2002）规定总磷容许值如表 7－22 所示。

表 7－22 地表水环境质量标准基本项目标准限值 单位：mg/L

水质类别	Ⅰ类	Ⅱ类	Ⅲ类	Ⅳ类	Ⅴ类
总磷（以 P 计）	0.02（湖、库 0.01）	0.1（湖、库 0.025）	0.2（湖、库 0.05）	0.3（湖、库 0.1）	0.4（湖、库 0.2）

7.6.1.3 标准及相关技术规范

表 7－23 地表水环境质量标准及相关技术规范

标准号及名称	适用范围	测量范围
HJ 671—2013 水质 总磷的测定 流动注射—钼酸铵分光光度法	地表水、地下水、生活污水与工业废水	0.02～1mg/L
HJ 670—2013 水质 总磷的测定 磷酸盐和总磷的测定 连续流动—钼酸铵分光光度法	地表水、地下水、生活污水和工业废水	0.04～5mg/L
GB 11893—89 水质 总磷的测定 钼酸铵分光光度法	地表水、污水、工业废水	0.01～0.6mg/L
HJ/T 103—2003 总磷水质自动分析仪技术要求	适用于该类仪器的研制生产和性能检验	

7.6.2 监测原理

目前国内绝大部分厂家使用过硫酸钾－钼酸铵分光光度法为原理开发总磷自动监测仪。该方法具有测试准确度高、测试过程简单、部件成本低、维护简单等特点。从原理以及性能上来说，与国外产品并无差异，且国内产品更能符合国情需要。

钼酸铵分光光度法适用于地表水、地下水、工业废水和生活污水中总磷含量的测定。在中性条件下用过硫酸钾使试样消解，将所含磷全部氧化为正磷酸盐。在酸性介质中，正磷酸盐与钼酸铵反应，在锑盐存在下生成磷钼杂多酸后，立即被抗坏血酸还原，生成蓝色的络合物。该蓝色络合物在 700 nm 波长处有最大吸收。

7.6.3 测试流程

样品通过蠕动泵、光电开关组成的计量模块以及多通阀定量输送到消解池中，随后以同样的方式加入一定量的过硫酸钾，在密闭的消解池中加热消解，冷却后加入抗坏血酸和钼酸铵显色，最后以 700 nm 波长测定吸光度，通过与已经标定完成的曲线计算水样的实际浓度。

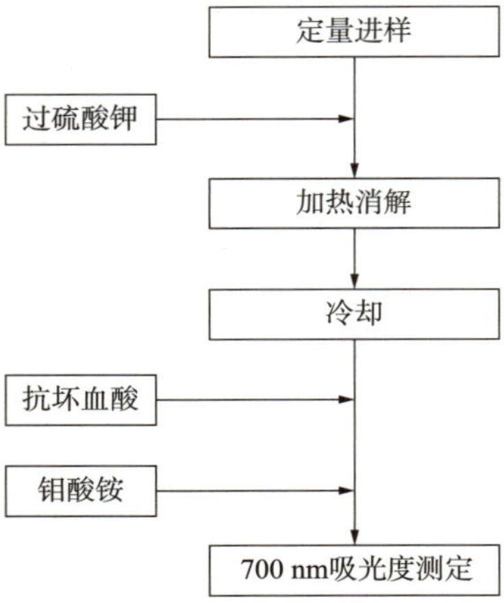

图 7－27 总磷自动监测仪测量流程图

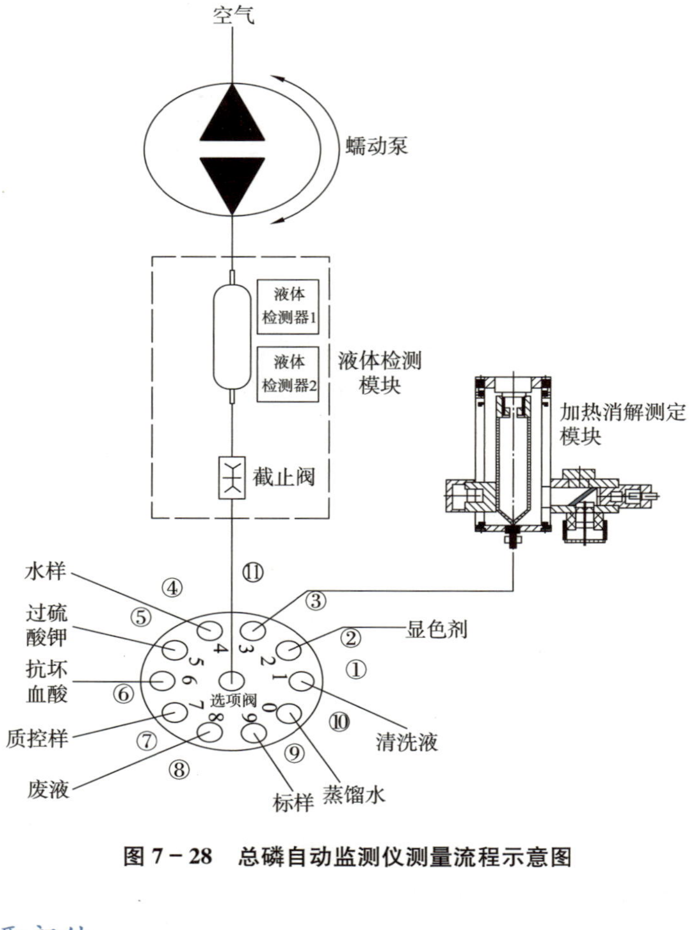

图 7－28 总磷自动监测仪测量流程示意图

7.6.4 主要部件

仪器内部结构见图 7－29。

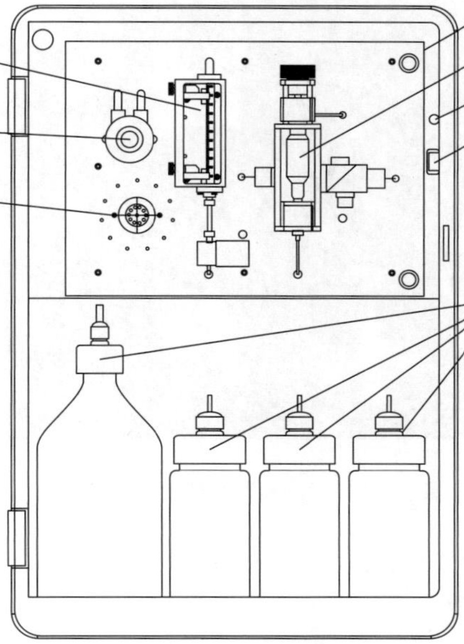

图 7－29 总磷自动监测仪仪器内部结构示意图

（1）蠕动泵：注入排出泵，将试剂、水样和蒸馏水注入和排出测定模块的装置。

（2）液体传感器：检测玻璃管内是否有液体。

（3）多位阀：液体方向切换阀，通过蠕动泵将不同试剂、水样和蒸馏水分别注入到消解模块和测定模块里面，并排出液体。

（4）消解池/测定模块：消解水样的装置/用来测定水样 TP 浓度的装置。包含消解池、PT100、高压阀、加热丝。

（5）截止阀：用于精确控制蠕动泵的取液量。

（6）电源开关：控制整机电源。

（7）比色接收：检测消解比色模块比色光电信号强度。

（8）参比接收：检测消解比色模块参比光电信号强度。

（9）计量模块：计量模块包含蠕动泵、计量管和液体传感器。计量管：计量液体体积；液体传感器：检测计量玻璃管内是否有液体。

7.6.5 日常维护

7.6.5.1 试剂

没有特殊说明，所用试剂皆为分析纯。一般试剂 2 周更换一次，特殊试剂需放 4℃冰箱中。

为安全起见，化学试剂应由专业人员准备，配制试剂时请尽量遵守以下保护措施：

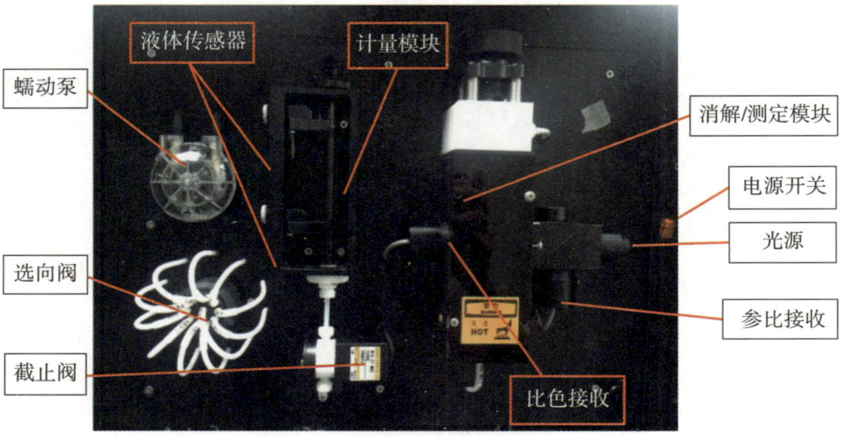

图 7－30　仪器主要部件示意图

（1）穿上安全服（实验工作服）。

（2）戴上安全眼罩/面罩。

（3）戴橡胶手套。

7.6.5.2　泵阀系统

蠕动泵管在长时间的运行中会因为反复挤压产生轻微的变形，因而需要定期更换蠕动泵管，一般 6 个月左右更换一次。

蠕动泵的导管更换流程如下：

➢ 手动操作将蠕动泵关闭。

➢ 将旧蠕动泵导管取下。

➢ 手动打开蠕动泵运行 3～4 周使导管内清空。

➢ 当泵在运转时，将旧导管顺时针方向取出。

➢ 将新导管一端安紧在接头上，再用手将其顺时针方向绕滚动轮转动，使它平整地安装在蠕动泵内壁上，确保导管既不太紧，也不太松，而且没有扭曲。

➢ 让蠕动泵运行 3～4 个周期，使导管能够自我调节到适当的张力。如果发现导管太长，应在它的上部未端将它剪短。

➢ 仪器的电磁阀用于流路控制和排放控制，因为口径较大，不容易堵塞，因此在实际应用中故障较少，日常运行中发现堵塞时可将电磁阀旋开，用清水将堵塞物冲走即可。

7.6.5.3　计量系统

数据的准确性和重复性直接体现了仪器的性能，计量的精度又直接影响数据的准确性和重复性。

尽量使计量系统保持洁净，长时间使用计量管内壁容易沾污。故必要时需要两周清洗一次，离线状态下用 30％的稀硫酸浸泡半小时清洗。计量管中不应有液体残留，以免出现交叉污染。

7.6.5.4 消解系统

仪器的消解系统包含玻璃反应杯、搅拌器、加热器和温度传感器等关键部件。

（1）日常运行需要定期观察玻璃反应杯是否有裂缝或者泄漏，如有，需要及时更换。

（2）搅拌器由搅拌子和搅拌电路板组成，搅拌子直接在反应溶液中工作，用于反应溶液的搅拌混匀，保证溶液的充分和快速反应，搅拌速度可以通过搅拌电路板进行调节。

（3）搅拌器搅拌出现故障时会导致仪器测量结果出现较大的偏差，所以平时运行需要调整好转速，如果搅拌器不工作，需要更换搅拌电路板或者搅拌电机。

（4）加热器和温度传感器用于反应溶液的温度控制，保证反应在设定的温度范围内进行，其中加热电极外壳由稀有金属组成，直接在溶液中加热，提高了加热效率，温度信号由温度电极传输到中央控制器，据此控制加热电极的工作状态。

（5）加热器不能正常工作时仪器会出现加热报警，仪器停止工作，需要检查和更换加热棒或者加热电路板。

7.6.5.5 光电系统

仪器应避免震动、强光照射，保持干燥和清洁。

使用交流电，接通电源前，应接地线。搬动仪器时，应先切断电源，避免发生短路，对光电造成不可逆的损坏。

比色部分应有对应的盖子，防止杂光射到光电池上，操作时应手持比色磨砂面，不要触及比色皿的光学平面。

7.6.6 常见故障分析及处理

表 7－24 总磷分析仪常见故障分析及处理

序号	故障现象	原因	解决办法
1	加热故障	温度保险管是否导通	温度保险管如果不导通，更换温度保险管
		加热丝是否断开	加热丝如果断开，更换加热丝
		温度传感器是否正常	不正常更换
		接线是否良好	重新接线
2	无模拟量输入	接线是否有松动	检查接线是否牢固
3	抽不上试剂	蠕动泵管磨损	蠕动泵管磨损，建议 1～3 个月更换一次泵管
		管路密封性不好	检查各管路接头处是否扭紧
4	光源故障	光源不能正常打开关闭	检查光源
		接线不良好	检查接线是否良好

7.7 总氮分析仪简介

7.7.1 概况

7.7.1.1 总氮的介绍

总氮，简称 TN，水中的总氮含量是衡量水质的重要指标之一。总氮是水体中各种形态的有机和无机氮的总称，即硝酸盐氮、亚硝酸盐氮、氨氮与有机氮的总称。水体中含氮的有机氮和无机氮有很多如 NH_4^+、NO_3^-、NO_2^- 等无机氮，蛋白质、有机胺、氨基酸等有机氮，这些都是水体中氮的主要表现形式，它们在一起，即组成了水质环保检测中所定义的总氮，以每升水含氮毫克数计算（mg/L）。常被用来表示水体受营养物质污染的程度。

水中的总氮含量是衡量水质的重要指标之一。其测定有助于评价水体被污染和自净状况，地表水中氮、磷物质超标时，微生物大量繁殖，浮游生物生长旺盛，出现富营养化状态。

富营养化是指因水体中 N、P 等植物必需的矿质元素含量过多而使水质恶化的现象。水体中含有适量的 N、P 等矿质元素，这是藻类植物生长发育所必需的。但是，如果这些矿质元素大量地进入水体，就会使藻类植物和其他浮游生物大量繁殖。这些生物死亡以后，先被需氧微生物分解，使水体中溶解氧的含量明显减少。

接着，生物遗体又会被厌氧微生物分解，产生硫化氢、甲烷等有毒物质，致使鱼类和其他水生生物大量死亡。发生富营养化的湖泊、海湾等流动缓慢的水体，因浮游生物种类的不同而呈现出蓝、红、褐等颜色。富营养化发生在池塘和湖泊中叫作“水华”，发生在海水中叫作“赤潮”。池塘和湖泊的富营养化不仅影响水产养殖业，而且会使水中含有亚硝酸盐等致癌物质，严重地影响人畜的安全饮水。

图 7－31　2007 年滇池蓝藻水华

图 7－32　2012 年北京温榆河绿藻水华

图 7－33　2007 年舟山海域赤潮

图 7－34　2012 年悉尼海滩赤潮

7.7.1.2　水质类别

我国《地表水环境质量标准》（GB 3838—2002）规定总氮水质类别容许值如表 7－25 所示。

表 7－25　地表水环境质量标准总氮标准限值　单位：mg/L

水质类别	Ⅰ类	Ⅱ类	Ⅲ类	Ⅳ类	Ⅴ类
总氮（湖、库，以 N 计）	0.2	0.5	1.0	1.5	2.0

7.7.1.3　标准及相关技术规范

表 7－26　地表水总氮标准及相关技术规范

标准号及名称	适用范围	测量范围
HJ 668—2013 水质　总氮的测定　流动注射—盐酸萘乙二胺分光光度法	地表水、地下水、工业废水与生活污水	0.12～10 mg/L
HJ 667—2013 水质　总氮的测定　连续流动—盐酸萘乙二胺分光光度法	地表水、地下水、工业废水与生活污水	0.16～10 mg/L
HJ/T 199—2005 水质　总氮的测定　气相分子吸收光谱法	地表水、水库、湖泊、江河水	0.2～100 mg/L
HJ 636—2012 水质　总氮的测定　碱性过硫酸钾消解紫外分光光度法	地表水、地下水、工业废水和生活污水	0.2～7 mg/L
GB 3838—2002（地表水环境质量标准）	规定了地表水中 5 个类型分类及其总氮限值	—
HJ/T 102—2003 总氮水质自动分析仪技术要求	适用于该类仪器的研制生产和性能检验	—

7.7.2 监测原理

在120～124℃下，碱性过硫酸钾溶液使样品中含氮化合物的氮转化为硝酸盐，采用紫外分光光度法于波长220 nm和275 nm处，分别测试吸光度A_{220}和A_{275}，按下述公式计算校正吸光度A，总氮（以N计）含量与校正吸光度A成正比。

$$A=A_{220}-2\times A_{275}$$

硝酸盐在220 nm处有最大吸收，水样中的有机物也在220 nm波长有吸收，需要将有机物干扰除去。由于硝酸盐在275 nm下几乎没有吸收，但有机物在275 nm处还是有吸收，所以用220 nm下吸光度减去275 nm吸光度的2倍，以得到校正吸光度A。

7.7.3 测试流程

7.7.3.1 紫外消解法测量流程

样品通过进样系统进入注射泵中，添加NaOH和过硫酸钾混合均匀后，送到消解池，在UV光照射＋70℃加热消解15min，生成NO_3^-离子，然后，又抽取试剂回到注射器，并添加HCl去除水中的CO_2和CO_3^{2-}，最后送到检测池在220 nm和275 nm处测试样品的吸光度，并与满量程TN标准液及蒸馏水（零点）的吸光度计算后得出样品的TN浓度。

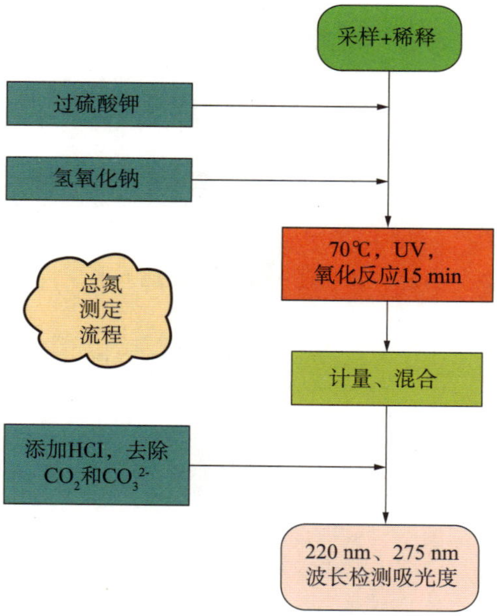

图7－35 紫外消解法测量流程示意图

7.7.3.2 高温高压消解法测量流程

水样进入消解池（稀释量程再加入空白水）后加入氢氧化钠及过硫酸钾溶液，

在 122℃下消解 10 min，将水样中的总氮氧化为硝酸盐氮，冷却后添加 HCl 去除水中的 CO_2 和 CO_3^{2-}，最后送到检测池在 220nm 和 275nm 处测试样品的吸光度，并与满量程 TN 标准液及蒸馏水（零点）的吸光度计算后得出样品的 TN 浓度。

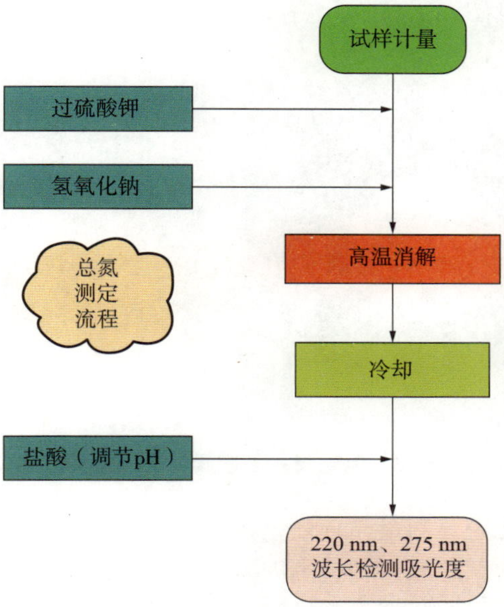

图 7－36　高温高压消解法测量流程示意图

7.7.3.3　内部结构

整个仪器的内部结构包括计量单元和消解单元两部分，其中计量单元主要完成各种试剂、液体的抽取和废液的排放，消解单元完成消解反应和测量检测。

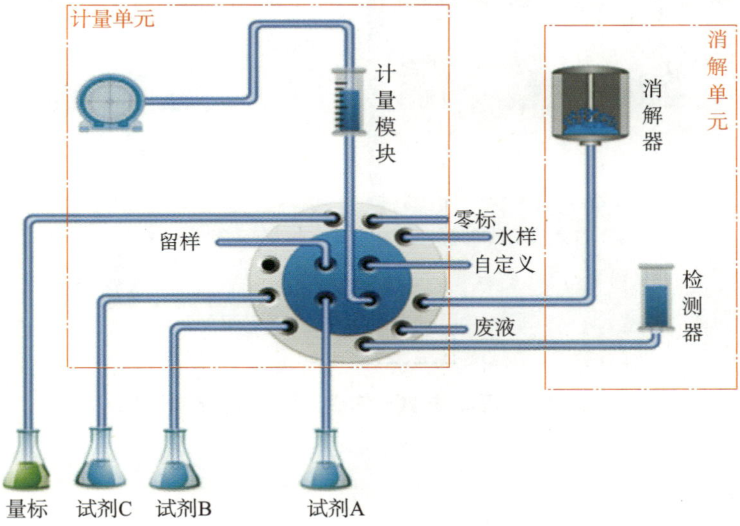

图 7－37　总氮分析仪内部结构示意图

计量单元包括抽液泵、计量模块和多通阀三部分组成，由于注射器和蠕动泵本身具有计量功能，因此，有些设备计量单元没有单独的计量模块。

管路的切换主要依靠多通阀完成，常见的多通阀有机械式的，例如岛津的八通阀，也有多个通道的电磁阀组合。

图 7－38　电磁阀式多通阀、机械式多通阀

由于总磷、总氮无论是测量原理还是测量流程都存在一定的共通性，因此，很多仪器厂商经常把总磷、总氮两种检测因子做成一体机。

一体机的优点就是结构紧密，占地少，缺点是一个参数出现故障，整机受影响。

无论是一体机还是单体机，在测量流程上是没有任何区别，只是在计量单元有所区别。

图 7－39 是常见一体机的计量单元结构图。

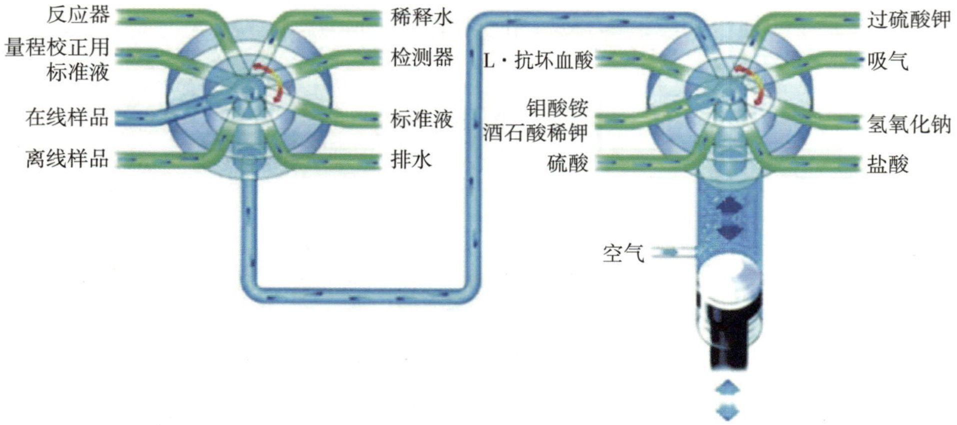

图 7－39　总磷、总氮一体机计量单元结构示意图

7.7.4 主要部件及维护

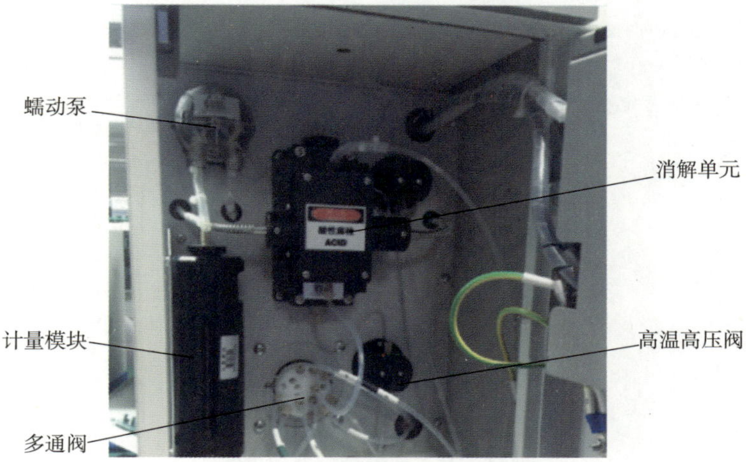

图 7－40 总氮分析仪内部结构图

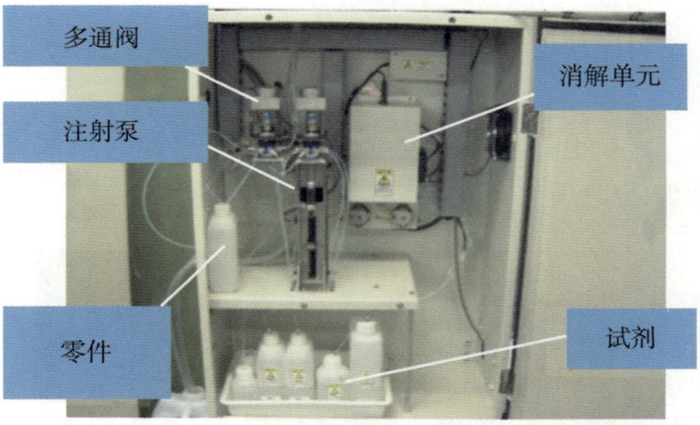

图 7－41 总磷、总氮一体机内部结构图

7.7.4.1 主要部件

目前，市面主流的计量单元有注射器和蠕动泵＋计量模块两种，注射器自带刻度计量模块，适合小剂量液体抽取，蠕动泵一般都会配备计量模块，也采用蠕动泵直接计转圈数量进行计量。

（1）注射泵。

注射泵安装到多通阀的注射泵连接口（向下的口）上。安装时不要使用工具，用手拧上。拧得过紧时，会导致多通阀内的树脂部分变形，造成漏夜。

①将柱塞固定螺丝用手拧到柱塞托上固定。

②用套桶和衬垫，将清洗气配管连接到注射器上。

③对注射器进行零点检测。

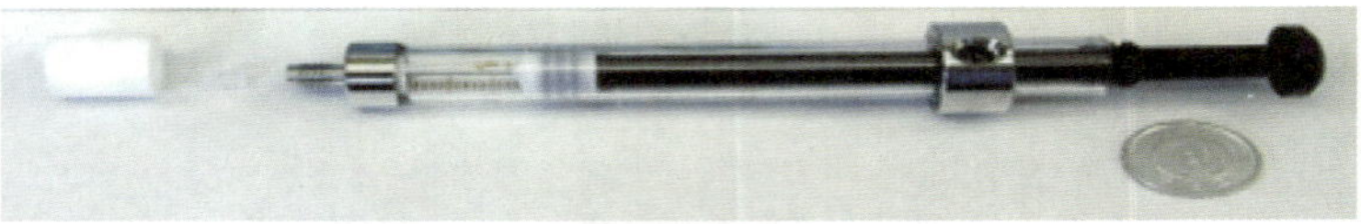

注射泵

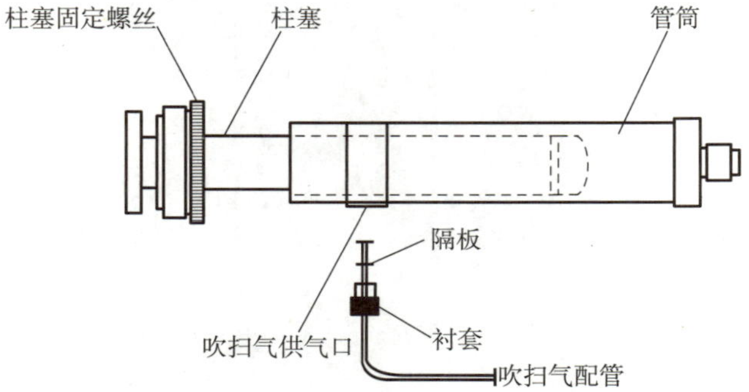

图 7－42　注射泵构造示意图

备注：注射器初次安装和更换时，必须进行注射器零点检查。

（2）蠕动泵管。

①停止测试，关闭模块电源。

②更换软管。

③进水样测试，查看更换后模块是否正常。

④ 做好更换软管的记录。

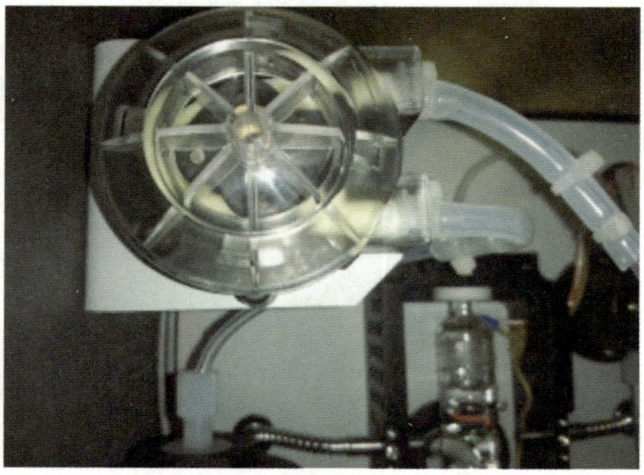

图 7－43　蠕动泵管

（3）计量模块更换。

①关闭电源，除计量模块背部信号连接线。

②拧掉计量模块上的样管接头。

③将计量模块固定零件卸下，将旧的计量模块拆除。

④按照相关步骤装上新的计量模块。

7.7.4.2 消解单元

（1）检测器测试原理。

检测器主要由光源、单色器、样品池，光电流检测器等部分组成。光电流检测器的光电管装有一个阴极和一个阳极，阴极是用对光敏感的金属（多为碱土金属的氧化物）做成，当光射到阴极且达到一定能量时，金属原子中电子发射出来。光越强，光波的振幅越大，电子放出越多。电子是带负电的，被吸引到阳极上而产生电流。光电管产生电流很小，需要送到 I/O 板放大后再送到 CPUboard 处理。

图 7－44 计量模块

根据朗勃特—比尔定律：光源发出的光（I_0）照射溶液时，一部分光（I）通过溶液，而另一部分光被溶液吸收了，这种吸收是与溶液中物质的浓度和液层的厚度成正比，用数学式表示为：

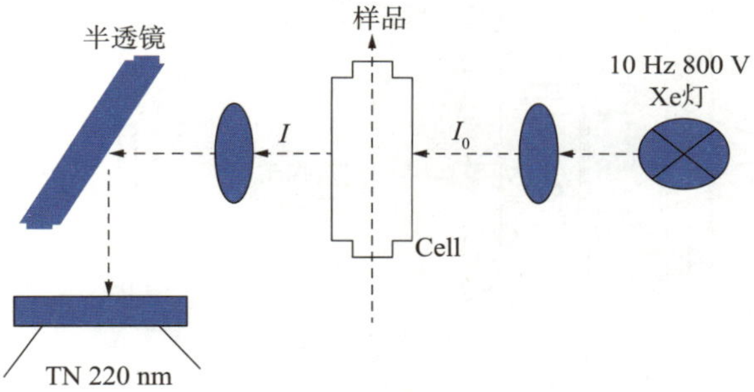

图 7－45 检测器原理示意图

$$A=-\log I/I_0$$

式中：A——吸光度（吸收度）；

I——样品光通量的测定值；

I_0——纯水光通量的测定值。

$$C=[(A-Az)/(As-Az)]\times Cs$$

式中：C——试样浓度；

A——试样吸光度；

Az——零点吸光度；

As——满量程吸光度；

Cs——满量程标液理论浓度。

（2）消解单元。

将固定用弹簧或卡扣卸开后，很轻易就能将消解池和UV灯取出，请注意动作要小心，不要弄破消解池。

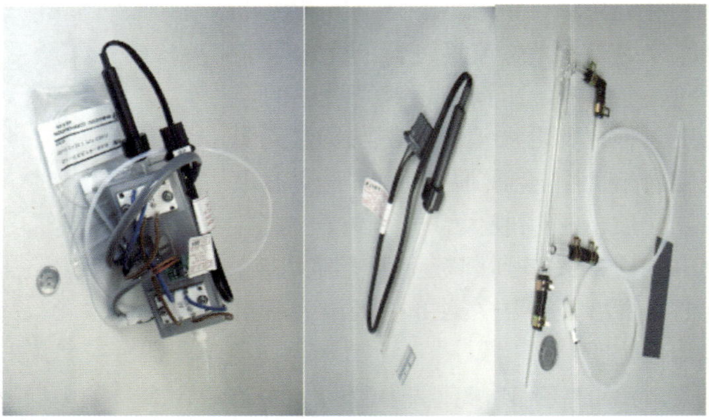

消解单元　　　　UV灯反应管

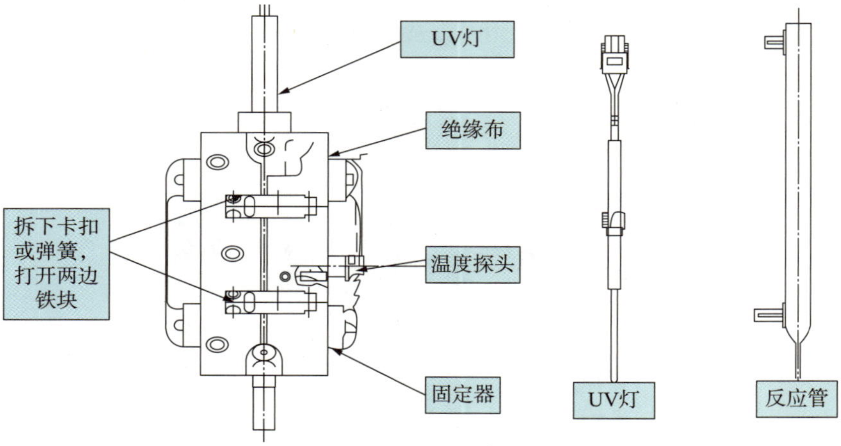

图7－46　消解单元示意图

7.7.4.3　日常维护与保养

（1）日常检查（每周一次）。

①查看仪器运行状态灯，异常情况及时处理。

②确保水样在检测时正常流动，并检查管路是否有堵塞、泵的工作状态是否正常。

③定期清洁滤网和预处理单元。

④检查清水的供应情况，确保清水开关常开、水量供应正常。

⑤及时添加蒸馏水，确保蒸馏水水位在合理范围内。

⑥检查计量单元是否有漏液情况，并确保计量单元取样时无大的气泡，必要时

进行清洁或更换泵管（柱塞头）。

⑦做好整机清洁工作，确保无漏液、无破损情况。

⑧定期做好零点和量程校正。

（2）主要部件检查和维护（每半年一次）。

①检查消解单元，并做好清洁工作。

②检查 UV 灯的工作情况。

③检查监测器是否有漏液。

④检查水管管路及接头。

⑤检查采样杯清洗滤网。

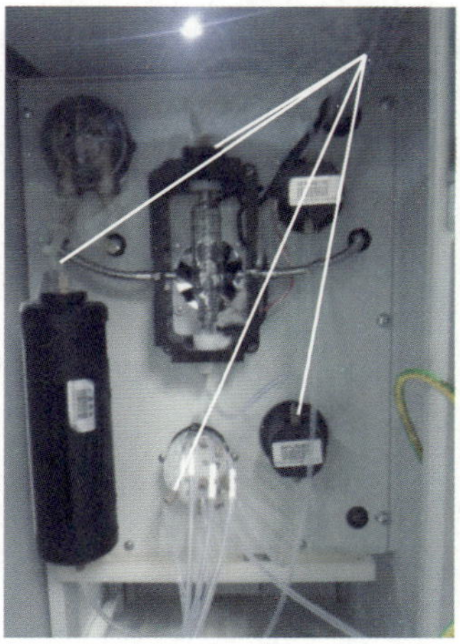

图 7－47 水管管理及接头气密性检查

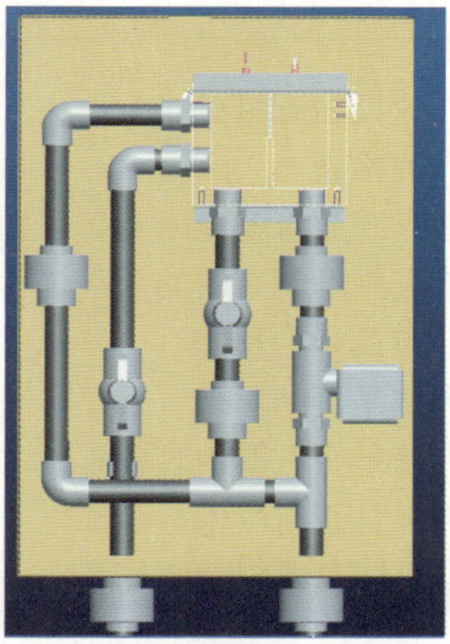

图 7－48 采样杯清洗滤网检查

⑥检查计量管。

⑦检查反应池。

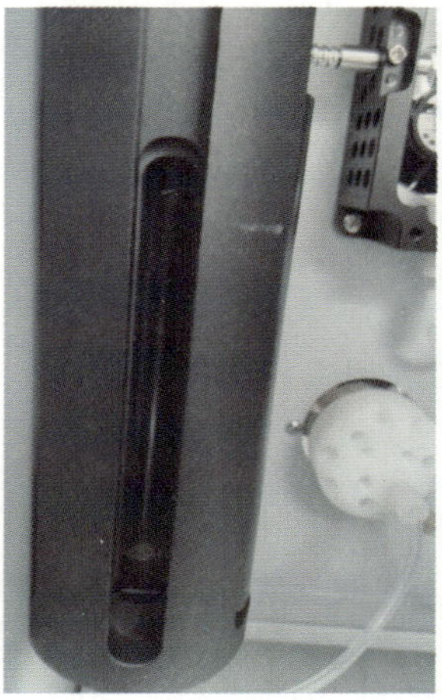

图 7－49 计量管检查

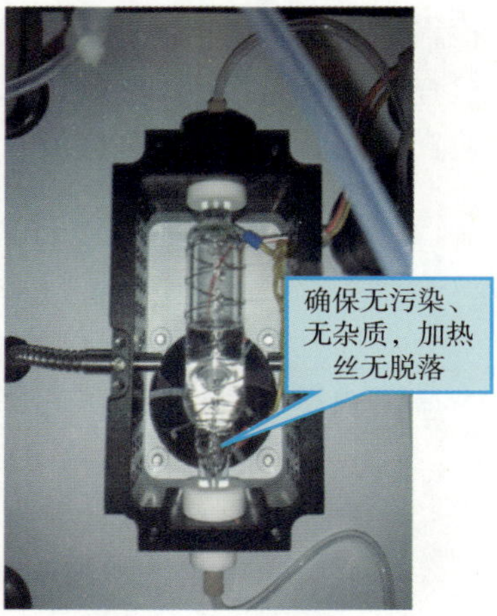

图 7－50 反应池检查

（3）常用零配件更换周期。

表 7-27 常用零配件更换周期

序号	零配件	更换周期
1	泵头	6 个月
2	柱塞头	6 个月
3	蠕动泵管	6 个月
4	UV 灯	1 年
5	消解器	1 年

（4）仪器检查维护。

①阀的检查。

➢ 检查阀是否完全密封，以防止漏气；

➢ 检查阀的所有管路是否连接紧密。

②计量模块的检查。

➢ 内壁是否结垢；

➢ 内壁是否有漏液现象；

➢ 内部是否有气泡。

③UV 灯和反应管的检查。

➢ 检查 UV 灯是否过期；

➢ 检查反应管是否有残留污染物；

➢ 检查反应管各个连接管路是否完好连接。

④仪器试剂。

➢ 试剂采用优级纯试剂配置；

➢ 检查试剂桶内部管路是否正常（防止试剂管打折）；

➢ 检查试剂采样管路无堵塞、无泄漏、无气泡；

➢ 检查废液桶（及时处理废液）。

7.7.5 常见故障分析及处理

表 7-28 常见故障分析及处理

序号	报警内容	可能原因	采取措施
1	缺水样	不能从外部系统获取水样	检查外部采水系统
		阀组件或样品管路被堵塞或破损	更换或清洗堵塞部件和管路
		管路气密性有故障	采用渗胶带增加气密性
		蠕动泵损坏	更换损坏部件

表 7－28（续）

序号	报警内容	可能原因	采取措施
2	缺试剂	相应的试剂缺少	添加相应的试剂
		阀组件或样品管路被堵塞或破损	更换或清洗堵塞部件和管路
		计量模块失效	采用生胶带增加气密性
3	加热异常	反应池热电偶有故障	更换热电偶
		反应池加热丝有故障	更换加热丝
4	冷却超时	风扇卡死或损坏	检查，更换风扇或热电偶
		反应池热电偶有故障	
5	计量异常	计量管被污染	清洗计量管
		计量模块故障	更换计量模块
6	测量异常	发射光源有故障	维修或更换信号板
		接收光路有故障	更换光纤
7	仪表漏液	管路接头松动	拧紧接头，必要时增加渗胶带
		管路破损	更换破损管路
		密封圈破损	更换密封圈

7.8 叶绿素 a 分析仪简介

7.8.1 概况

在生态学中，特别是生态环境质量评价中，浮游植物的量是一个重要指标，而浮游植物的衡量指标一般是通过检测叶绿素和蓝绿藻密度来实现的。同时，通过检测叶绿素，可以获得水体初级生产力的情况。近年来，随着富营养化、水华和藻类（主要是蓝藻和绿藻）异常频发，危害到饮用水供应和渔业生产，人们对富营养化的关注越来越大。因此，对叶绿素 a 和蓝绿藻密度的检测也越来越重视。

叶绿素分析主要是分析叶绿素 a/b，在水环境监测中所说的叶绿素一般指的是叶绿素 a。叶绿素 a 的检测标准为《水质叶绿素 a 的测定分光光度法》（HJ 897—2017），适用于地表水，无测量范围。

7.8.2 监测原理

叶绿素 a 分析仪是专为水中的叶绿素 a 测量而设计的。该分析仪采用特定波长的高亮度 LED 激发水样中植物细胞内的叶绿素 a 发出荧光，传感器中的高灵敏度光电转换器会捕捉微弱的荧光信号从而转化为叶绿素 a 数值。

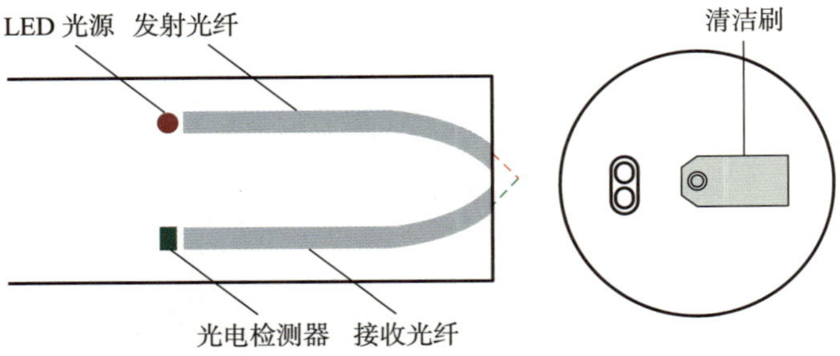

图 7－51　测量原理示意图

7.8.3　测试流程

不通过提取，直接将发射光照射水体，水体中含叶绿素物质体内的叶绿素 a 发射出荧光，通过检测荧光获取叶绿素 a 的浓度。这是目前叶绿素 a 在线分析、快速分析和现场分析普遍采用的方式，所采用的激发光一般为 470 nm，发射光一般选取在大于 680 nm。

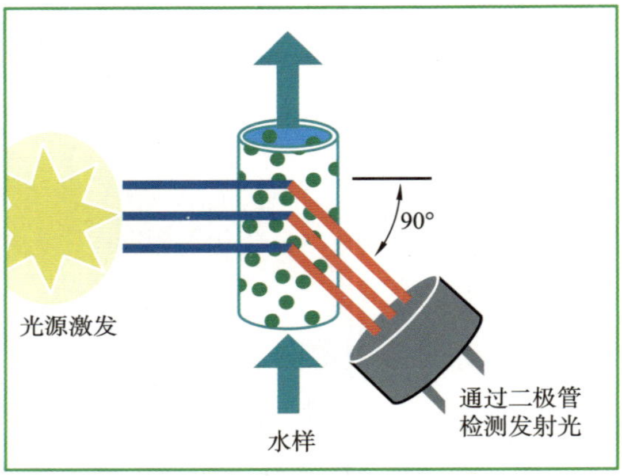

图 7－52　叶绿素 a 测量示意图

7.8.4　主要部件及维护

在线式叶绿素 a 分析仪由控制器、叶绿素 a 传感器组成。

7.8.4.1　控制器

控制器可以支持数字化叶绿素 a、蓝绿藻密度传感器，并且拥有完善的对外接口，可以方便的实现传感器组网、远程控制、故障诊断等工作。

7.8.4.2　叶绿素 a 传感器

（1）清扫设置：设置传感器清扫参数。手动清洗，需操作人员启动其清洗，清

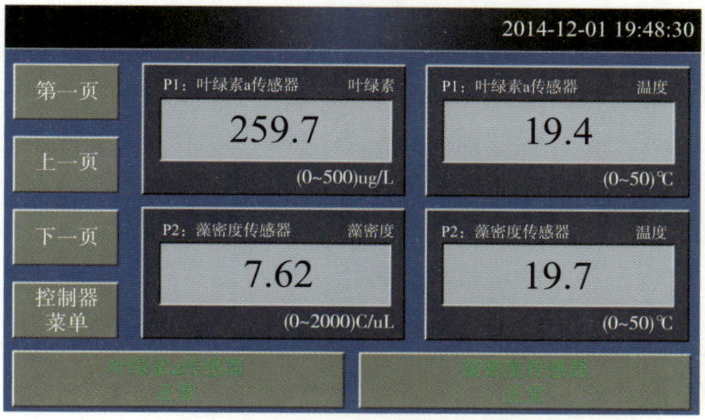

图 7－53　在线式叶绿素 a 显示界面示意图

洗次数设置为 1 次，在清洗时，清洁刷正反转各一次；自动清洗，可以设置清洗时间间隔，清洗次数。

（2）校准：传感器校准。

（3）参数设置：设置传感器参数，包括平均次数、量程等。

（4）通信设置：设置传感器通讯波特率、通信地址，一般情况下无须更改。

（5）报警信息：显示传感器报警信息。

7.8.4.3　日常维护检查点

维护频次为 1 次/月。维护时请注意以下事项：

（1）安装在室外的控制器请检查变送器安装箱体，是否有漏水等现象。

（2）检查控制器的工作环境，如果温度超出控制器的工作稳定范围，请采取相应措施，否则控制器可能损坏或降低使用寿命。

（3）控制器的外壳是塑料外壳，不要用坚硬物体刮擦，请使用软布和柔和的清洁剂清洁外壳，注意不要让湿气进入控制器内部。

（4）检查控制器显示数据是否正常。

（5）检查控制器接线端子上的接线是否牢固，注意在拆卸接线盖前将 220V 交流电源断开。

（6）传感器维护见表 7－29。

表 7－29　传感器维护内容

频次	维护内容
1 次/30 天	传感器清洗
1 次/半年	传感器校准
1 次/1 年	更换清洁刷条
1 次/3 年	更换清洁刷座

①传感器清洗。

保持传感器测量窗口的清洁对于获得正确的测量数据非常重要，应该定期检查测量窗口是否有污染物或者清洁刷损坏。如果遇到清洁刷无法清洁的污染物时，请使用潮湿的镜头纸或者布轻轻的擦拭传感器表面，对于不易溶解的污染物，建议使用低浓度的酸性溶液，切勿使用酒精或其他有机溶剂清洗。

②更换清洁刷。

拆下原清洁刷后，将新的清洁刷安装上去即可。

7.8.5 常见故障分析及处理

表 7－30 常见故障分析及处理

故障现象	故障判断	排除方法	备注
开机无显示	电源断开；显示屏损坏	检查 220V AC 电源；重启	
通信异常、控制器显示通信故障	线缆连接问题、波特率不匹配	检查线缆连接和通信参数设置，重启	

7.9 蓝绿藻密度在线监测仪

7.9.1 概况

蓝绿藻又称蓝藻，由于蓝色的有色体数量最多，所以宏观上现蓝绿色。蓝绿藻普遍存在于地表水当中，当水体富营养化，蓝绿藻会大量繁殖，破坏水体的碳酸盐平衡，影响地表水的 pH 变化。蓝绿藻密度分析主要是分析藻类中的藻蓝蛋白，藻蓝蛋白在指定波长的照射下，会发出荧光，通过实验室分析，可以换算出蓝绿藻密度。

7.9.2 监测原理

蓝绿藻密度分析仪是专为水中的蓝绿藻密度测量而设计的。该分析仪采用特定波长的高亮度 LED 激发水样中蓝绿藻发出荧光，传感器中的高灵敏度光电转换器会捕捉微弱的荧光信号从而转化为蓝绿藻密度数值（见图 7－54）。

7.9.3 测试流程

不通过提取，直接将发射光照射水体，水体中蓝绿藻体内藻青蛋白（phycocyanin）和衍生的藻蓝蛋白发射出荧光，通过检测荧光获取蓝绿藻的浓度。这是目前蓝绿藻在线分析、快速分析和现场分析普遍采用的方式，所采用的激发光一般为 590 nm，发射光一般选取在大于 630 nm（见图 7－55）。

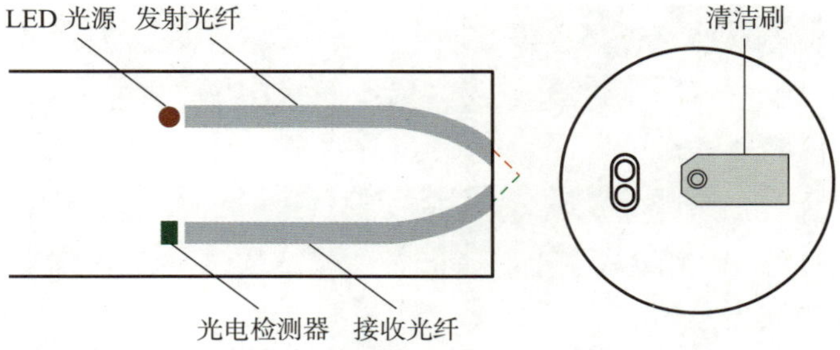

图 7－54 蓝绿藻密度分析仪测量原理示意图

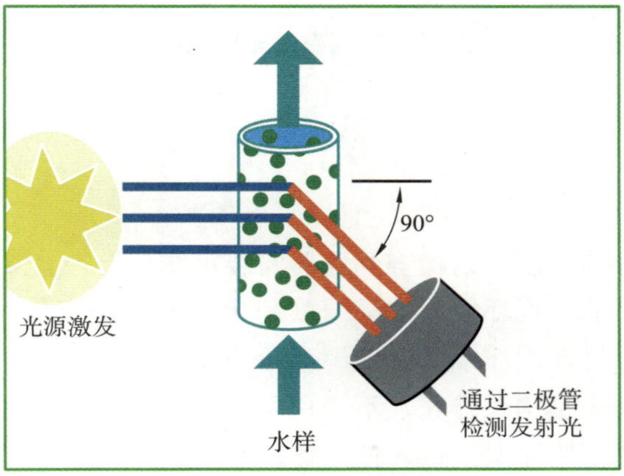

图 7－55 蓝绿藻测量示意图

7.9.4 主要部件及维护

在线式蓝绿藻密度分析仪由控制器、蓝绿藻密度传感器组成。

7.9.4.1 控制器

控制器可以支持数字化蓝绿藻密度传感器，并且拥有完善的对外接口，可以方便的实现传感器组网、远程控制、故障诊断等工作。

7.9.4.2 蓝绿藻密度传感器

（1）清扫设置：设置传感器清扫参数。手动清洗，需操作人员启动其清洗，清洗次数设置为 1 次，在清洗时，清洁刷正反转各一次；自动清洗，可以设置清洗时间间隔，清洗次数。

（2）校准：传感器校准。

（3）参数设置：设置传感器参数，包括平均次数、量程等。

（4）通信设置：设置传感器通信波特率、通讯地址，一般情况下无须更改。

（5）报警信息：显示传感器报警信息。

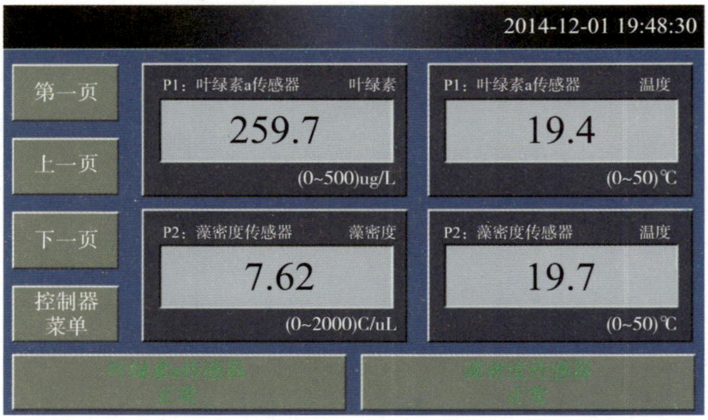

图 7－56　在线式蓝绿藻密度分析仪显示界面示意图

7.9.4.3　日常维护检查点

维护频次为 1 次/月。维护时请注意以下事项：

（1）安装在室外的控制器请检查变送器安装箱体，是否有漏水等现象。

（2）检查控制器的工作环境，如果温度超出控制器的工作稳定范围，请采取相应措施，否则控制器可能损坏或降低使用寿命。

（3）控制器的外壳是塑料外壳，不要用坚硬物体刮擦，请使用软布和柔和的清洁剂清洁外壳，注意不要让湿气进入控制器内部。

（4）检查控制器显示数据是否正常。

（5）检查控制器接线端子上的接线是否牢固，注意在拆卸接线盖前将 220 V 交流电源断开。

（6）传感器维护。

表 7－31　蓝绿藻在线传感器维护内容

频次	维护内容
1 次/30 天	传感器清洗
1 次/半年	传感器校准
1 次/1 年	更换清洁刷条
1 次/3 年	更换清洁刷座

①传感器清洗。

保持传感器测量窗口的清洁对于获得正确的测量数据非常重要，应该定期检查测量窗口是否有污染物或者清洁刷损坏。如果遇到清洁刷无法清洁的污染物时，请使用潮湿的镜头纸或者布轻轻的擦拭传感器表面，对于不易溶解的污染物，建议使用低浓度的酸性溶液，切勿使用酒精或其他有机溶剂清洗。

②更换清洁刷。

拆下原清洁刷后，将新的清洁刷安装上去即可。

7.9.5 常见故障分析及处理

表 7－32 蓝绿藻密度在线监测仪常见故障分析及处理

故障现象	故障判断	排除方法	备注
开机无显示	电源断开；显示屏损坏	检查 220 V AC 电源；重启	
通信异常、控制器显示通信故障	线缆连接问题、波特率不匹配	检查线缆连接和通信参数设置，重启	

7.10 质控模块

7.10.1 质控模块功能

质控模块具备对高锰酸盐指数、氨氮、总磷、总氮自动分析仪进行 24 h 零点漂移核查、24 h 量程漂移核查、加标回收率测定、标样核查等功能，实现仪器重复性、准确性等性能指标的自动核查。在集成系统上为每台仪器增设了质控模块，仪器进样、加标回收率核查、标样核查（当仪器自带标准样品通道时，该功能通过仪器自身实现）等功能均可通过该模块实现。

7.10.2 加标模块工作流程

质控模块由供样系统、加标系统、做样系统、排空系统以及清洗系统组成（见图 7－57）。

供样系统：集成系统通过泵将沉沙池中的水样抽入样杯（质控单元管路图）供样，直到样杯右侧试样溢流。当水样没有没过右侧的液位传感器时，提示缺试样报警，系统测量停止。

7.10.2.1 加标系统

（1）动态加标：平台获取常规水样监测数据后，根据加标原则确定加标量。再由加标量反算需添加的高浓度标液（C_0）的体积 V_0。固定加标：控制软件根据预先设定好的加标量核算需要添加的高浓度标液的体积 V_0。

（2）V_0 确定后，泵 3（柱塞泵）抽取相应体积的高浓度标液，并通过泵 2 全部吹入到样杯右侧的容器内。

（3）控制软件开启鼓泡泵，鼓泡混匀水样，完成加标。

7.10.2.2 做样系统

（1）常规水样测量做样：仪器抽取样杯左侧试样做样分析。

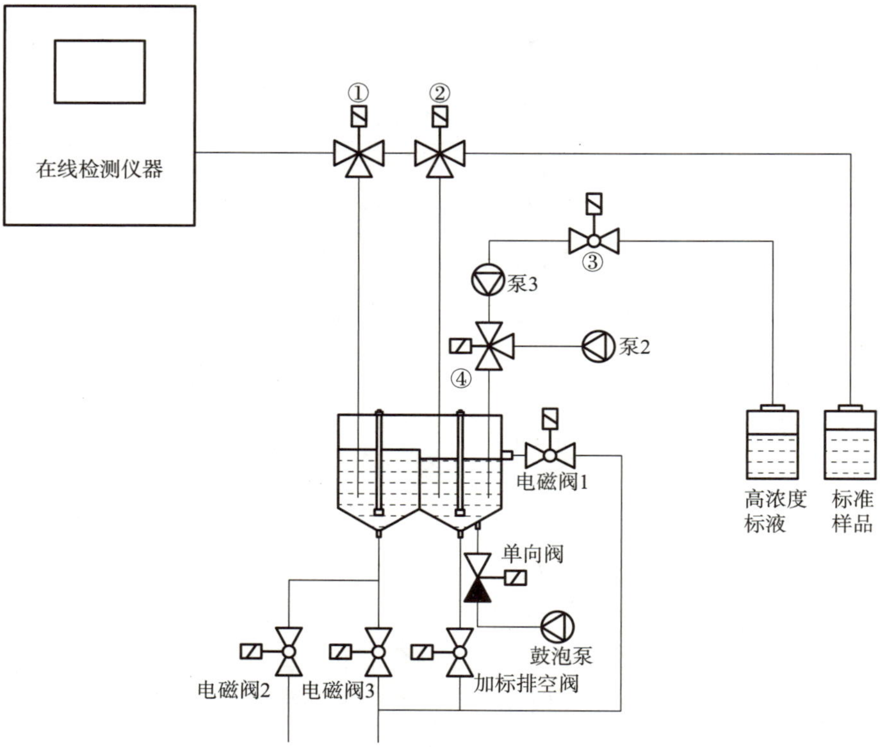

图 7－57　质控模块管路图

(2) 标准样品核查做样（无标准样品通道仪器）：控制软件触发标准样品核查按钮，打开电磁阀①和②，仪器抽取标准样品做样分析。

(3) 加标回收核查做样：仪器在常规测量完成之后，启动加标回收核查，仪器又返回做样。在加标过程完成之后，打开电磁阀①和②，仪器抽取样杯右侧的水样做样分析。

7.10.2.3　排空系统

仪器测样完成之后，排空样杯水样。顺序打开电磁阀 3、加标排空阀排空样杯水样。待水样排空后，关闭电磁阀 3、加标排空阀。

7.10.2.4　清洗系统

控制软件控制清洗泵将自来水通过电磁阀 2 抽入样杯左侧，再溢流至样杯右侧。控制软件打开鼓泡泵鼓泡清洗样杯。停止后，打开电磁阀 3、加标回收阀排空样杯。结束后，打开空压机，从电磁阀 2 吹气清洗。

7.10.3 质控单元维护

7.10.3.1 维护要点

质控单元的维护方式通常为检查、清洁和更换，维护周期可根据现场的监测频次和水质情况适当调整（见表7－33）。

表7－33 质控单元维护要点

维护周期	维护方式	维护内容
每周	清洁	①清洁模块水样杯及溢流样杯 ②查看水样杯清洁程度，必要的时候对水样杯进行刷洗
每月	检查、更换	①检查管路是否通畅，母液抽取是否正常，有无漏水情况 ②检查空气搅拌泵工作情况，手动运行测试，控制电磁阀检查其开关是否正常 ③更换加标母液，并润洗、填充管路
每季度	检查	检查管路是否通畅、污染，必要时更换相应管路
每半年	检查	①检查微量泵的精度，必要时进行维修或者更换 ②开展全面的检查保养和隐患排除
每年	更换	维护维修或更换各类泵、电磁阀

7.10.3.2 质控单元故障及解决方法

质控单元故障及解决方法见表7－34。

表7－34 质控单元故障及解决方法

问题	解决方法
水样或者加标样无法抽取	①检查电磁阀开关是否正常，如开关异常，则更换电磁阀 ②检查管路是否堵塞，清洗相应管路及电磁阀阀体
加标样数据波动较大	①检查搅拌泵工作是否正常，如异常，则更换搅拌泵 ②检查搅拌是否充分，如不够充分，则适当延长搅拌时间 ③检查管路是否漏液 ④检查微量泵工作是否正常，如异常则维修或者更换微量泵
加标样测试值和水样值接近	①检查加标样品管路是否堵塞 ②检查微量泵工作是否正常，如异常则维修或者更换微量泵

8 系统控制单元

8.1 系统控制单元结构

控制单元是控制系统内各个单元协调工作的指挥中心。

控制单元由水站控制软件、工业控制计算机、PLC 控制器和通信网络组成。

主要包括：中央控制单元，通信控制单元，控制输出单元，数据采集单元，数据存储单元。控制单元的其他部分还包括：继电器组，参数和状态显示和监控单元，UPS 供电单元，环境数据传感器（电压，室温，湿度）、安全监视等（见图 8－1、图 8－2）。

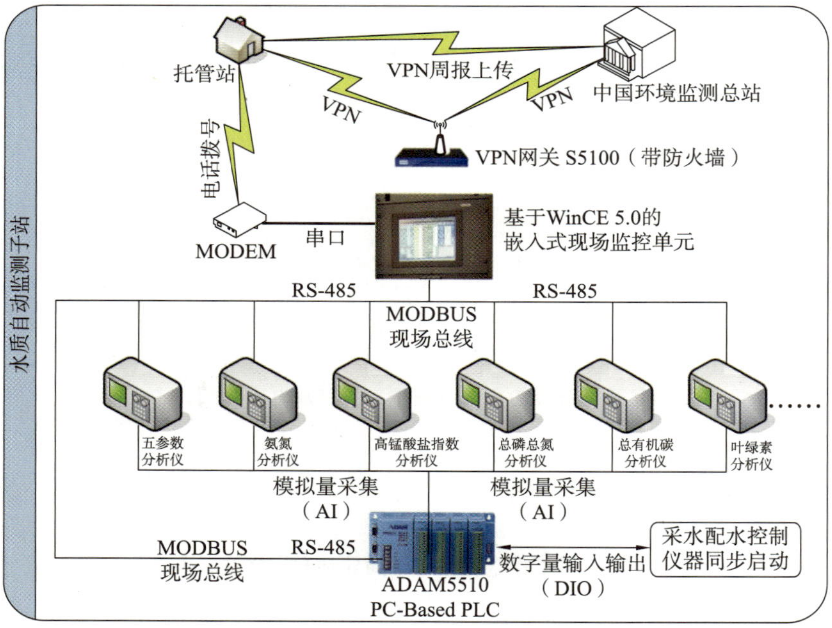

图 8－1　水质自动监测站现场控制系统架构图

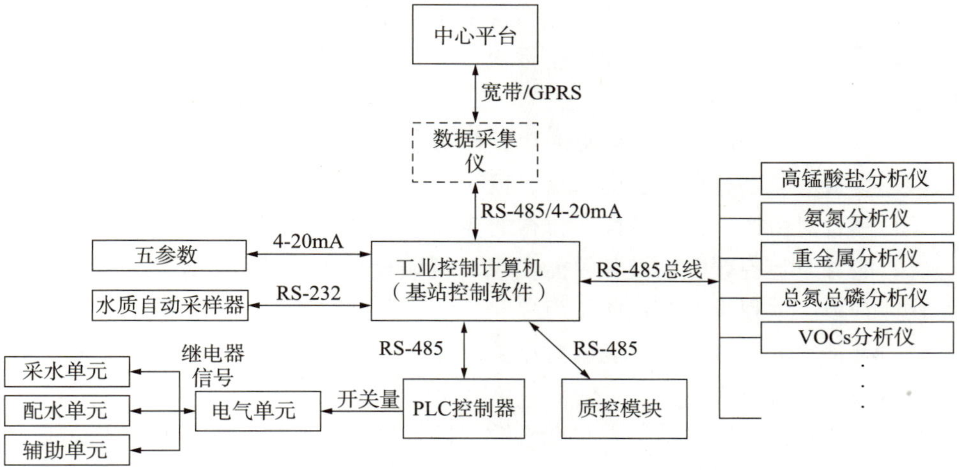

图 8－2　水质自动监测站现场控制系统结构图

8.2　控制单元基本功能

控制单元对采水单元、配水及预处理单元、分析单元、留样单元、辅助单元等进行控制，并实现数据采集与传输功能，保证系统连续、可靠和安全运行。

水站中的控制柜承担了系统控制的功能，其中有 PLC 控制器、工业控制计算机（工控机）、控制软件、VPN（虚拟网络）和通信网络组成，其主要功能是控制采水、配水单元的工作流程，给仪器发送各种命令，接收仪器测试结果和状态，存储并通过通信网络上报监测数据到中心平台。

工业控制计算机是水站控制软件的载体，提供各种通信接口与各设备连接，采用主流配置，确保操作系统和水站控制软件的流畅稳定运行。水站控制软件是整个控制系统的核心，可以直观显示各种设备的工作状态和监测结果，给仪器发送各种指令，对监测结果进行运算和存储，并将数据上传到指定的中心平台。

PLC 主要负责按编好的流程控制采水、配水、辅助单元的工作。

通信网络一般采用光纤宽带和 4G 无线传输的方式，用于与中心平台的通信。

8.3　控制设备要求

8.3.1　控制单元的功能要求

8.3.1.1　控制单元的功能基本要求

（1）具有断电保护功能，能够在断电时保存系统参数和历史数据，在来电时自动恢复系统。

（2）具备自动采集数据功能，包括自动采集水质自动分析仪器数据、集成控制数据等，采集的数据应自动添加数据标识，异常监测数据能自动识别，并主动上传至中心平台。

（3）具备单点控制功能，能够对单一控制点（阀、泵等）进行调试。

（4）具备对自动分析仪器的启停、校时、校准、质控测试等控制功能。

（5）具备对留样单元的留样、排样的控制功能。

（6）能够兼容视频监控设备并能实现对视频设备进行校时、重新启动、参数设置、软件升级、远程维护等功能。

（7）具备参数设置功能，能够对小数位、单位、仪器测定上下限、报警（超标）上下限等参数进行设置。

（8）具备各仪器监测结果、状态参数、运行流程、报警信息等显示的功能。

（9）具有监测数据查询、导出、自动备份功能，可分类查询水质周期数据、质控数据（空白测试数据、标样核查数据、加标回收率数据等）及其对应的仪器、系统日志流程信息。

8.3.1.2　控制单元的功能必须兼顾的基本要求（系统集成功能要求）

（1）具有仪器及系统运行周期（连续或间歇）设置功能，至少具备常规、应急、质控等多种运行模式。

（2）具有异常信息记录、上传功能，如采水故障、部件故障、超量程报警、超标报警、缺试剂报警等信息。

（3）具有仪器关键参数上传、远程设置功能，能接受远程控制指令。

（4）能够实现对高锰酸盐指数、氨氮、总磷和总氮水质自动分析仪器进行自动标样核查、自动加标回收率测试等质控功能，并具备自动留样功能。

（5）确保仪器、系统运行的监测数据和状态信息等稳定传输。

（6）具备断电再度通电后自动排空水样和试剂、自动清洗管路、自动复位到待机状态的功能。

（7）具有分析仪器及系统过程日志记录和环境参数记录功能，并能够上传至中心平台。

（8）存储不少于 1 年的原始数据和运行日志。

（9）水质自动分析仪器（常规五参数外）及控制单元须具有三级管理权限。

（10）系统应具有良好的扩展性和兼容性，根据实际应用需要，可增加新的监测参数，并方便仪器安装与接入。

（11）系统实现对分析仪器采、配水的功能的控制，并具有自动控制反清（吹）洗等。

8.3.2　控制单元智能化需求

随着社会的发展，生态环境水质监测的需要，越来越要求水站更加智能化。智能化是在常规水站的基础上，选择智能化仪表设备、合理布设运行过程监控智能化传感器，并结合智能化工控及数据采集、处理、传输设备，通过一套科学、合理的先进的完整的系统集成，使控制系统智能化、标准化、流程化和可溯源的质量控制体系，确保采水、预处理、分析、质控、清洗以及数据采集和传输等环节的准确可靠。实现我国水质自动监测运行、维护和管理全过程的自动化、人性化与信息化。

（1）系统控制及软件设计遵循智能化设计原则，充分结合仪器设备、运行监控的要求，以实现水站系统运行管理的自动化、人性化。

（2）通过建立一套科学、合理的系统反控、系统状态（运行模式、运行状态、故障状态）及数据标识的标准集，实现水站管理信息化。

（3）系统建立了一套标准化、先进、完整的可实现统一对水质自动监测系统的全面反控。包括系统状态反控、系统参数设置及仪器、设备反控。实现水站运行监测及维护的智能化。

8.4　各集成商控制系统基本组成

各集成商控制系统基本组成见图 8－3。

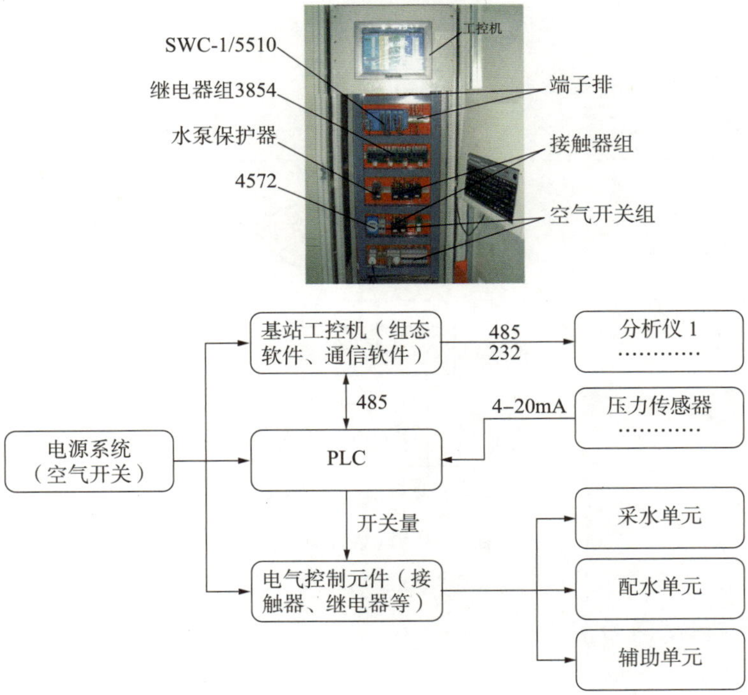

图 8－3　控制系统基本组成

9 数据采集与传输单元

9.1 数据采集与传输单元的基本构成与功能

9.1.1 数据采集与传输系统基本结构

地表水在线监测系统从底层逐级向上可分为现场机（水站）、传输网络和上位机（总站数据平台）3 个层次。上位机通过传输网络与水站现场机进行通信（包括发起、数据交换、应答等）。

水站现场控制单元，监控的仪器仪表具有数字输出接口，连接到独立的数据采集传输仪上，上位机即总站数据平台通过传输网络与水站现场控制单元进行通信（包括发起、数据交换、应答等），如图 9－1 所示。

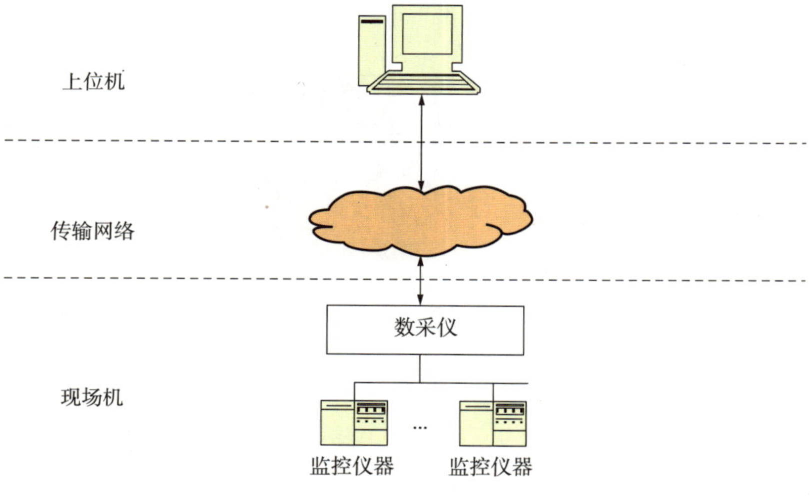

图 9－1　网络传输系统

9.1.2 数据采集与传输单元定义

9.1.2.1 数据采集传输仪

通过通信协议，采集各种类型分析仪器、仪表的数据、完成数据存储及与上位机进行数据传输通信。他们可能是单片机、工控机、嵌入式计算机、可编程自动化控制器（PLC）或可编程控制器，简称数采仪。

9.1.2.2 数据采集与传输

要求能够按照分析周期自动执行，并实行远程控制、自动加密与备份。采集装置按照国家标准采用统一的通信协议，以有线或无线的方式实现数据及主要状态参数的传输。

9.1.2.3 数据平台

数据平台是集数据与状态采集、处理和各类报表生成于一体的操作系统、具备现场数据与状态参数的采集、现场系统及仪器的有条件反控、数据分析与管理、报表生成与上报、报警等功能。数据平台软件采用安全、稳定的数据传输方式、具有定期自动备份，自动分类报警和远控等功能，并具有可扩展性。

9.1.3 数据采集与存储基本要求

（1）采集自动分析仪器的监测数据，并分类保存。

（2）采集自动分析仪器和集成系统各单元的工作状态量，并以运行日志的形式记录保存。

（3）能够实时采集视频信息并传输至中心平台。

（4）断电后能自动保存历史数据和参数设置。

9.1.4 数据传输与通信基本要求

（1）采用无线、有线的通信方式满足数据传输要求。

（2）采用虚拟专用网络（VPN）数据传输方式。

（3）具备对通信链路的自动诊断功能，具备超时补发功能。

9.1.5 数据采集传输与控制单元功能

数据采集和传输单元配备高性能工作站，用于现场监测数据采集和数据传输，数据采集与传输按照分析周期执行，每周期采集一组数据，包括监测结果、监测仪器状态、校准记录、现场环境状态、报警状态、阀门状态、系统工作状态等，所有采集到的数据都保存在现场服务器内，并可根据数据传输软件设置，将全部或选定的数据传输到数据平台系统。

数据采集和传输单元满足以下功能：

（1）能实现与现有数据平台系统无缝衔接，数据采集和传输能自动记录，工作可靠、有效。

（2）可在现场及远程进行人工控制。现场可动态显示系统的实时状态，各单元设备工作状态、各个测量参数数据。数据采集与传输应完整、准确、可靠，采集值与测量值误差≤1%。

(3) 数据采集装置采用统一指定的通信协议，以无线、有线传输方式对各个测量参数进行数据传输，同时实现双向传输，并能进行权限设置。

(4) 水站断电后数据不应丢失，并能储存1年以上各测量参数的原始数据。

(5) 水站数据具有自动备份功能，同时保存相应时期发生的有关校准、断电及其他状态事件记录、动态异地数据备份、恢复功能。

(6) 应有数据加密等系统安全防护功能。

9.2 地表水自动监测站系统数据平台

数据平台系统功能可以涵盖水质自动监测的常用工作业务流程，能够将自动数据采集、数据有效性分析、监测控制、有效数据入库、日常维护、数据管理、数据报表、信息发布、数据上报、统计分析、短信报警、图文显示等功能整合到一个软件中，界面美观，操作方便。

数据平台的选择具有可扩展性。开放式、可扩展的软件架构设计，可灵活定制开发各种通信协议，系统的构架以方便的客户端浏览构架，实现信息与管理，满足多种浏览方式，可以实现本机、客户端浏览器等多种方式进行查询。数据传输可靠安全，对各种数据的分析、监控、浏览要方便、操作简单。软件具有丰富的数据处理及查询功能，通过数据加标识等方式，对监测数据进行识别。

采用专用网络或虚拟专用网络（VPN）数据接收方式，可同时自动接收各水站上传的数据和状态信息，并将数据经解析后存入数据库中。可主动采集实时、历史数据，同时可远程控制设备，可改变设备量程、参数等，支持无线及有线多种通讯、协议方式，可实现远程同步多点数据采集。

数据平台系统能实现对系统环境状况参数、仪器状态参数的自动采集，并对仪器故障、质控数据、无效数据进行自动标识和处理。可根据用户需要设置状态参数或故障报警信号。自动对数据的有效性进行判断，能判断水质类别、首要污染物、污染指数和各项目的超标情况，能根据用户要求进行数据处理，可以进行不同时段的数据对比等，将报警信息以多种形式发送至指定人员终端。

现场采用双系统非硬盘备份，能将数据库定期自动备份，当数据库损坏时，可由用户设置自动恢复，同时对监测数据能由用户选择时间段备份出来，当需要时可以由用户进行数据库恢复，可以将水站备份的数据恢复到数据传输系统。

系统具有数据质量控制功能，自动分析过程中有完整的质量控制手段及质量控制数据报告，对可疑数据实施相应的标记。

系统自身需具有自动分类报警，当系统出现报警时可自动触发报警输出。以有线或无线方式通知维护人员，对重大报警，由维护人员第一时间作出反应并进行应急处理。

支持远程图像监控及录像，可采集站房安防监控系统报警信息及现场图片资料，可自动记录备份并形成报表，当安防监控系统有异常报警信息时，以多种形式将报警信息传送至指定人员终端。

系统可根据站房图片信息上传周期进行自动上传，也可实时采集现场图片资料。支持远程数据监控和系统日志监控，数据传输系统应实现对水站仪器和系统远程控制功能，并实现远程启动，终止、清洗、采样、校正、标定等功能。数据传输系统能修正水站的时间，使之与数据传输同步。

9.3 国家地表水水质监测管理平台

国家地表水环境监测管理平台将部署于中国环境监测总站网络内，通过标准通信协议接收地表水水质监测自动监测数据，对海量分析数据处理并应用。

9.3.1 网络层次架构

国家地表水水质自动监测网的网络层次结构见图 9－2，网络建设分为 3 个层次。

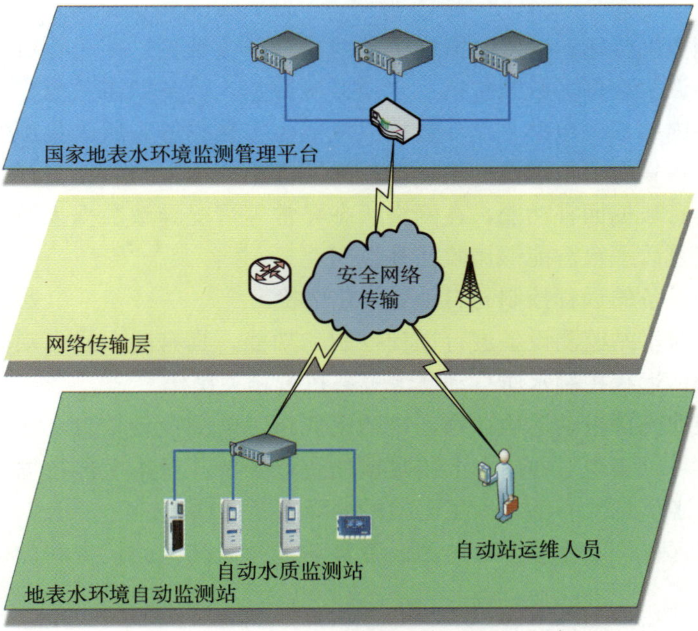

图 9－2 国家地表水水质自动监测网的网络层次结构图

国家地表水环境监测管理平台：部署于中国环境监测总站，服务器间通过局域网通讯，与水站通过 VPN 专网进行通信。

网络传输层：在总站和水站之间，通过经过数据加密的 VPN 专网进行数据传输，以保障数据安全。数据传输应同时支持有线、无线等网络技术。

国家地表水环境监测管理平台基于标准通信协议，与水站进行通讯，实现数据接收和监测设备的远程反控。

9.3.2 国家地表水环境监测管理平台功能

国家地表水环境监测管理平台包括业务、管理、数据应用 3 个方面。通过水质自动监测数据采集、智能化数据审核、数据报告与发布等功能，用于管理决策支持、自动监测数据及时、有效的信息发布。

运用大数据技术保证平台运行稳定、高效，监测数据的“真、准、全”；能够支撑超过 2 000 个水站的同步接入；可在大数据量、大访问量情况下保证系统运行和访问效率；并且做到数据不缺失、不延迟。平台设计中需采用移动终端加固、数据加密、权限控制等技术，保障平台信息安全、数据传输安全、移动终端安全。

9.3.2.1 平台功能要求

（1）双向通信。

国家地表水环境监测管理平台通过标准数据传输通信协议与水站现场数据采集传输与控制单元进行双向通信，实现水站现场数据上报和对水站监测设备反向控制的功能。

自动监测数据传输：各水站能够主动向平台传输数据，平台也可发送远程控制命令向各水站调取数据。数据包括：水质监测数据、设备状态数据、系统和设备报警数据、设备内部参数数据、动环数据、视频监控数据等。所采集原始数据应保存在平台服务器，具有可追溯性、不可抵赖性等特性。

平台需具有数据回补功能，在网络状态异常等情况导致数据未及时上报的情况下，在网络恢复后平台需能够接收回补数据。

（2）监测设备的远程控制与自动智能化巡检。

平台具有对水站监测设备进行远程控制的功能。具有向水质自动监测设备发送远程控制指令，远程控制水质自动监测设备执行相关操作。

平台设定并支持自动巡检计划，自动读取指定监测设备信息，在发现设备异常时进行报警。可以实现对各站点上传数据的统计分析，对未上传数据的站点实施自动调取站点日志信息，有助于人工巡检的故障判断处理。

平台可以远程设定作业，对监测设备自动进行标准样品核查和加标回收率测试等操作。

（3）智能化运维管理中心。

对水站的整体运维工作进行管理。包括对运维单位、第三方运维监管单位、参与比对测试的第三方检测公司等相关单位操作过程的管理。平台需对所有操作实行实名认证，确保运维信息可靠可信，符合总站对运维管理的相关规定。

运维公司也能够通过平台对运维人员及水站进行工作安排和管理；运维监管公司通过平台对运维公司进行运维考核与管理；总站则可通过平台掌握各水站运行情况、运维公司工作情况、运维监管公司考评情况。平台能够对水站的运维管理工作进行全方位留痕记录，并提供相应数据支持。

（4）运行情况监控。

平台可以全面展示国家地表水环境自动监测网整体运行情况，包括水站仪器运行状态和系统运行状态两部分。

平台具有运行统计数据的功能，包括监测站点在线率、监测数据获取率、数据质控合格率、监测设备在线情况、数据异常情况等统计数据。

平台在发现网络运行异常、设备运行异常等情况下，需能够向相关运维单位发送短信通知。

（5）运维过程管理。

平台具有对水站运维进行全过程管理的功能，包括运维计划管理、运维任务分派、运维人员轨迹记录、运维人员签到、现场运维操作记录、运维人员离场确认等功能。

平台能够通过现场操作记录、运维操作照片与视频记录、运维记录与监测设备状态及监测数据的比对等方式，确认运维人员正确进行了运维操作，并通过对运维数据的统计产生运维绩效评价、运维报表等信息。以图形、列表等形式展现运维人员运维的站点数量及日常工作完成情况。

（6）运维相关单位考核与绩效评价管理。

平台有对运维相关单位进行考核与绩效评价的功能。考核与评价对象包括：运维单位、第三方运维监管单位、参与比对测试的第三方检测公司等。

平台能够根据运维管理数据生成运维情况报表、运维单位评价等信息。平台针对各站点的运维巡检频次、质控频次、故障响应情况、超标响应情况等进行统计，结合数据有效率、数据捕获率等对水站的运行维护情况进行统计考评。

9.3.2.2 监测数据质量异常判断与智能化审核功能

主要包括数据质量控制与保证中心、监测设备自动质控、现场监督检查、第三方比对测试、数据有效性分析等。

9.3.2.3 数据综合应用中心功能

包括水环境考核与分析评价、水环境预报预警、水环境应急指挥、水生态红线监管、河道生态补偿、水环境智能模型、生态环境大数据分析、水环境监测数据信息发布。

9.4 国家地表水水质自动监测管理平台的 VPN 网络

VPN 设备是传输网络重要组成部分，VPN 是虚拟专用网的简称，能够实现专用网络的功能，并能起到数据加密的要求。现在的 VPN 是在 Internet 上临时建立的安全专用虚拟网络。在虚拟专用网中，任意两个节点之间的连接并没有传统专网所需的端到端的物理链路，而是利用某种公众网的物理链路资源动态组成的。

水质自动监测的 VPN 网络由中国环境监测总站、托管站、监测水站（子站）、运维单位通过 VPN 网络设备在公网上建立的用于水质自动监测数据传输的网络加密体系。最新网络的整体架构见图 9－3，水站 VPN 整体架构图见图9－4、VPN 设备见图 9－5。

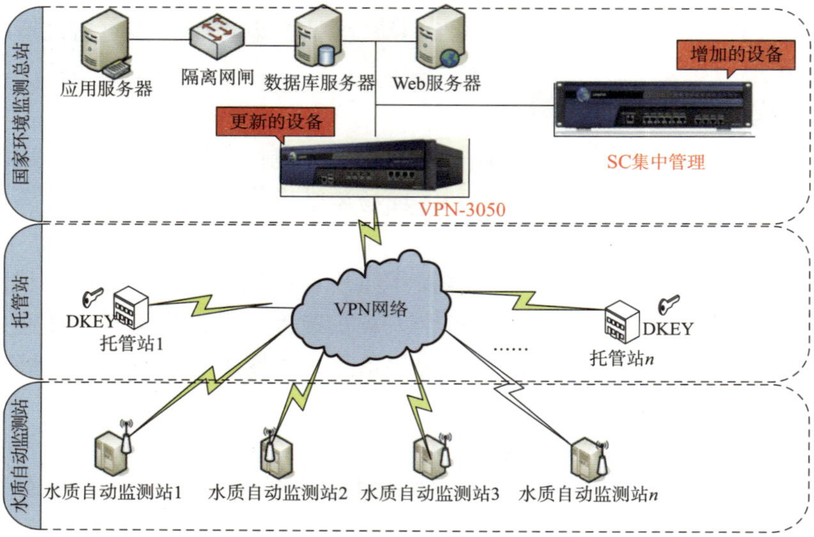

图 9－3　国家地表水水质自动监测 VPN 网络总体架构图

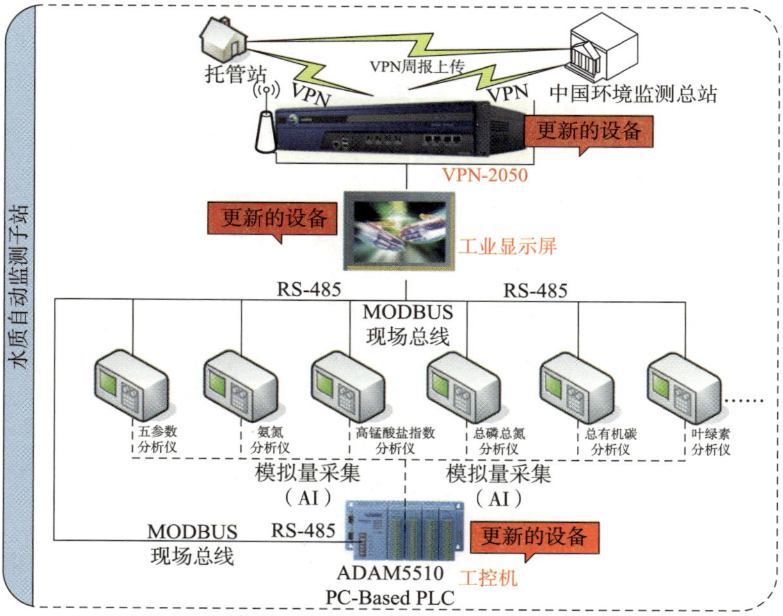

图 9－4　水质自动监测水站 VPN 整体架构图

图 9－5 VPN 设备

10
浮船站运行维护要求

10.1 浮船系统介绍

10.1.1 系统概述

10.1.1.1 船体结构及布局

浮船式水站由浮体平台（船体、浮柱、防撞装置等）、采水单元、分析单元、控制单元和辅助单元（太阳能供电单元、安防装置等）等组成（见图 10－1～图 10－4）。船体设计特点如下：

（1）轻量化设计：船体采用双层玻璃钢结构，内部填充隔热保温材料并采用镀锌板局部加强，在满足船体刚性结构要求的前提下，大幅降低船体重量，有利于提升浮船的装载质量和吊装、运输的便利性。

（2）抗风浪设计：浮船两侧配装有抗风浪平衡浮筒，翼展宽度达 4.1 m，配合低矮船身（船舱）设计，极大提高了船体的抗风浪等级。

（3）试剂箱水冷设计：船舷外挂水冷试剂箱，将易变质试剂置于水温环境下，有利于炎热高温环境下延长试剂的保质期。

（4）维护便利性设计：浮船登船一侧设计镀锌钢登船踏板，拓展了维护人员的活动空间，提升了维护的安全性与便利性。

图 10－1　系统实物示意图

图 10－2　浮船式水站左前视图

图 10－3　浮船式水站舱内布局图

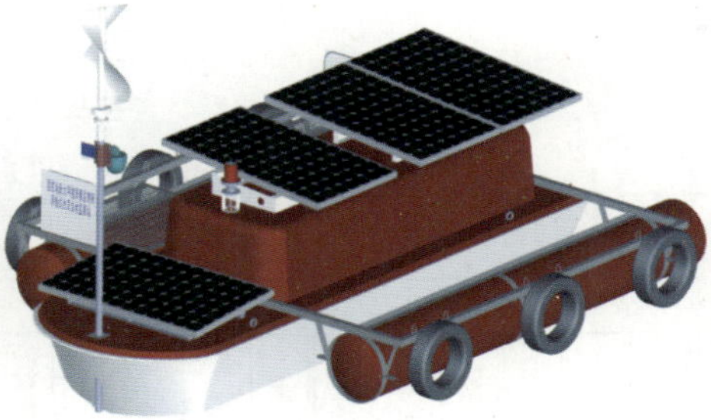

图 10－4　浮船式水站右前视图

10.1.1.2　船体技术参数

浮船技术参数见表 10－1。

表 10－1　浮船技术参数表

参数名称	参数性能
浮船规格	5 300 mm×4 100 mm×1 700 mm（$L\times W\times H$）
排水量	2 t
防护等级	IP66
防风等级	≥8 级
蓄电池容量	800 AH
无日照连续运行时间	≥10 天
系统工作电压	DC 24 V
系统功率	400 W
供电方式	光伏（太阳能）供电/市电（AC 220 V）供电/风光互补
船体使用寿命	≥5 年
蓄电池寿命	≥2 年
太阳能使用寿命	≥5 年
作业载荷要求	支持不少于 2 人（200 kg）同时登船作业

10.1.2　系统组成

浮船式水质在线监测系统是一套集水质在线分析仪、系统控制与数据采集、远程监控于一体的在线全自动水质监控系统。浮船站系统组成见图 10－5。

它结合现代通讯技术，实时的将仪器的测量结果，系统运行状况，各台仪器的运行状况，系统故障，仪器故障等信息自动传送到中心管理单元，并可接受中心端发来的各种指令，实时的对整个系统进行远程设置，远程校准、远程质控、远程紧急监测等控制。

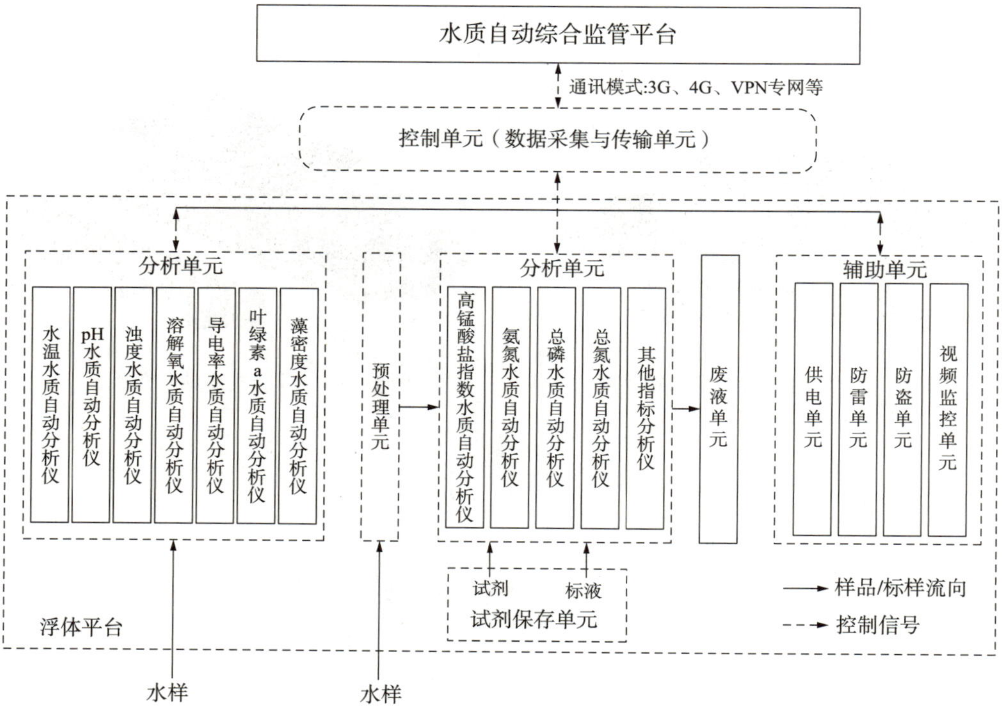

图 10－5　系统组成示例图

10.1.2.1　采水单元

采水单元主要负责将待测水体中的水样采集到浮船式水质自动监测系统中，满足所有分析仪器的需要。采水单元采用取水管路直接从船侧底部取水，根据国家地表水水样采集标准，在水面下 0.5～1.0m 深度采水，保证水样代表性。

10.1.2.2　配水及预处理单元

浮船式水站预处理单元主要是在水下取水的取水管前端安装了过滤网筒，可以对水样进行过滤预处理（见图 10－6）。

图 10－6　两级滤筒示意图

10.1.2.3　分析单元

水质自动分析单元是浮船式水质监测系统的核心部分，分析仪器采用国家标准方法，仪器结构设计合理，性能稳定；运行成本及维护量少，二次污染少。

通过对水质在线监测仪器系统需求分析，把水质自动分析仪器由相互依赖性的复杂系统转变为模块化系统。采用合适的监测分析方法，监测分析模块内部采用模块化设计，监测分析模块主要包括控制模块、电源模块、流路控制模块、反应监测模块、采样/预处理模块接口、通讯模块接口等，能适应水质的多样性、复杂性，全面保证了水质监测数据的准确性、可比性、完整性（见图 10－7）。

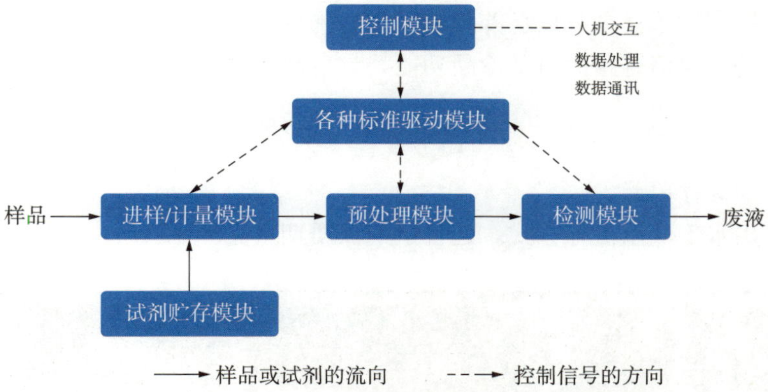

图 10－7　仪器模块构成示意图

10.1.2.4　控制单元

控制单元是浮船式水质自动监测系统的大脑，对分析单元、船体、供电组件、视频单元、安防装置等进行控制，具有三级管理权限，可实现数据采集与传输功能，保证系统连续、可靠和安全运行（见图 10－8）。

数据采集与传输主要实现现场运行状态的监控，现场运行参数的设置，历史数据和系统运行日志的存储，与上位机的通信等功能。同时具备数据存储能力，可作为备用存储器贮存仪器日志、系统日志、仪器数据等信息。控制单元主要功能有以下几个方面：

（1）具有断电保护功能，能够在断电时保存系统参数和历史数据，在来电时自动恢复系统。

（2）具备自动采集数据功能，包括自动采集水质自动分析仪器数据、集成控制数据等，采集的数据自动添加数据标识，异常监测数据能自动识别，并主动上传至中心平台。

（3）具备对自动分析仪器的启停、校时、校准、质控测试等控制功能。

（4）能够兼容视频监控设备并能实现对视频设备进行校时、重新启动、参数设置、软件升级、远程维护等功能。

图 10－8　控制单元示意图

（5）具备参数设置功能，能够对小数位、单位、仪器测定上下限、报警（超标）上下限等参数进行设置。

（6）具备各仪器监测结果、状态参数、运行流程、报警信息等显示的功能。

（7）具有监测数据查询、导出、自动备份功能，可分类查询水质周期数据、质控数据（空白测试数据、标样核查数据、加标回收率数据等）及其对应的仪器、系统日志流程信息。

（8）能够实时采集视频信息并传输至中心平台。

（9）具备对通信链路的自动诊断功能，具备超时补发功能。

10.1.2.5　辅助单元

（1）试剂保存单元。

试剂采用水下低温保存方式，延长试剂保质期（见图 10－9）。

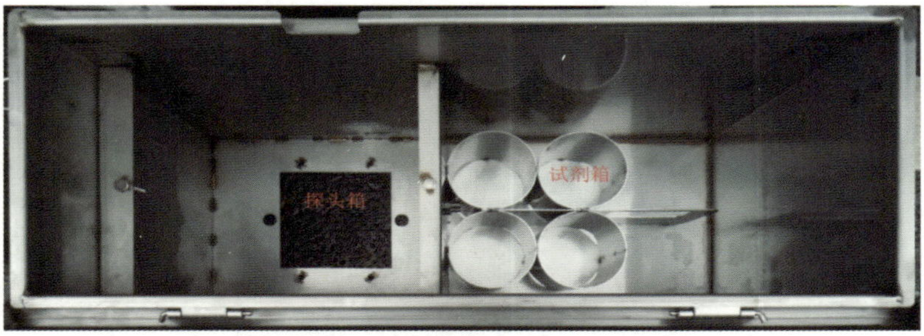

图 10－9　试剂保存单元示意图

（2）供电单元。

电源供给单元主要是利用太阳能和风能互补的方式，可维持连续阴雨天气 10 d 以上（见图 10－10）。

太阳光伏发电为浮船式水质自动监测系统提供电源，标配采用 4 块 270 W 太阳能板，最大充电功率 1 080 W，蓄电池最大容量设计为 800 Ah。

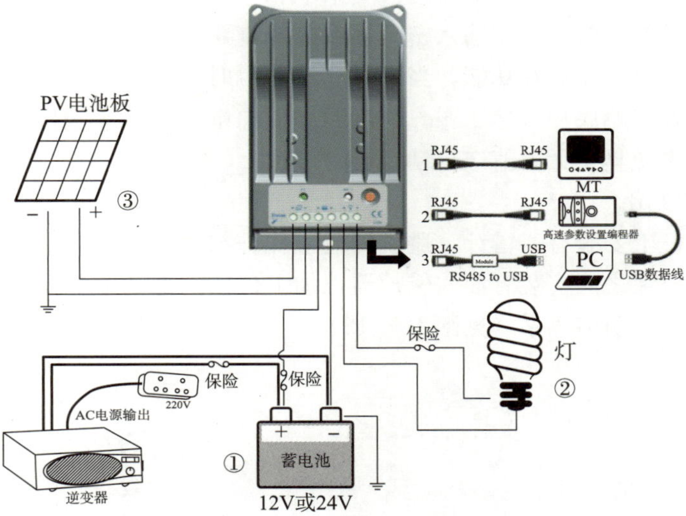

图 10－10　系统供电示意图

风光互补发电采用小型水平轴风力发电机，发电机功率 100 W，风轮叶片采用尼龙纤维材质，启动风速低，配以优化的气动外形设计，体积小，外形美观，运行振动小，风能利用率高（见图 10－11）。

图 10－11　水平轴风力发电机示意图

发电机采用永磁转子交流发电机，配以特殊的定子设计，有效降低发电机的阻转矩，提升了风轮与发电机的匹配特性和机组运行的可靠性。

（3）防盗及报警单元。

为了保证监测设备的安全，采用 GPS 防盗和非法接近报警两种方式进行预警，一旦 GPS 显示发生了较大地理位置偏移，或有不明物体非法接近即可触动系统自动报警，并以手机短信的方式通知管理人员采取相应措施。以上两种方式对于日常维护人员进行相关操作时，只需输入密码解除报警即可。

船舱还设计有开舱报警功能，当遭遇非法开启时将触发短信报警；船舱内安装有水浸传感器，当舱底积水达 1 mm 深度时即刻向中心发出水浸报警。通过上述安防设计以保证系统具备无人值守自动运行的目的。

（4）防雷单元。

浮船在桅杆上安装有避雷针，避雷针通过桅杆与水体连接来达到接地目的。在太阳能板与蓄电池之间安装有浪涌保护器，加上仪器内部的电源防雷和通讯防雷设计，有效形成三级防雷体系（见图 10－12）。

图 10－12　防雷单元示意图

（5）舱室温度控制单元。

船体采用双层玻璃钢结构，隔层填充隔热发泡材料，具有较强的保温和防晒功能，配合温控散热风扇（根据舱内温度自动启停），保证船舱内环境温度低于 45℃（见图 10－13）。

（6）视频监控单元。

在浮船桅杆上安装有网络摄像机，摄像机通过线缆与路由器连接，再远程传输到平台。可实时监控浮船式水质自动监测系统周围环境及观察水面的实际情况。可至少存储 1 个月视频信息；摄像机分辨率为 1 920×1 080，红外照射距离 20 m（见图 10－14）。

（7）警示灯。

考虑到浮船式水质在线监测系统位于库区，为防止夜间过往船只等的撞击，浮标系统上安装高亮度的 LED 频闪警示灯，此灯能见度高，使用中无须保养。外置的旋转灯罩，在保持高亮度的同时，又不失经典的视觉设计，内置独特的滤镜系统能有效地扩散LED灯光。耗电量低，防护等级为IP 56（见图10－15）。

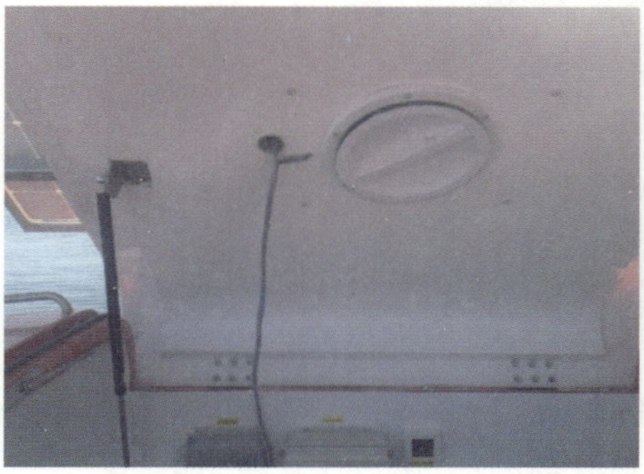

图10－13 温控散热风扇示意图

图10－14 视频监控单元示意图

图10－15 警示灯示意图

（8）浮船漏水报警单元。

水浸传感器安装在船舱底部，当船舱有1 mm左右积水时便可发出水浸报警信号。控制单元检测到水浸报警时即可向中心平台发出预警信号，可设置发送短信提醒主管单位及相关维护人员。

（9）浮船救生设施。

每条浮船其备3套以上的水上救生用品，包括救生衣和救生圈（见图10－17）。

（10）浮船平衡装置。

浮船式水质在线监测系统采用抛锚的方式固定，考虑到水面宽广、风力相对较大，为保证船体平衡，在船体左右两侧分别增加一个浮筒，增加船体的平稳性，保证船体平衡（见图10－18）。

10.1.3 系统功能特点

浮动式自动监测系统包括以下主要功能：

图 10-16　水浸传感器示意图

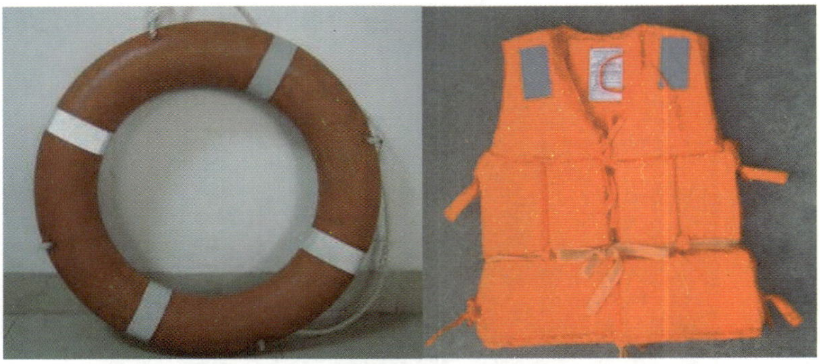

图 10-17　浮船救生设施

图 10-18　浮船平衡装置示意图

（1）具有舱室漏水报警、非法接近报警、温度异常报警、开窗报警及低电量报警等功能，当出现上述异常时系统自动生成报警日志并报送中心。

（2）监测频次可根据现场情况智能设定，并支持远程设定。

（3）除常规五参数、藻密度、叶绿素 a 外能够实现自动标样核查（含 24 h 零点漂移和量程漂移）。

（4）具备常规、应急、质控等多种运行模式。

（5）自动分析过程中有完整的质量控制手段及质控数据报告，对异常数据实施相应的标记（数据标识）。

（6）具有系统日志功能，对系统及设备的运行状况进行过程监控并可上报中心。

（7）具备断电再度通电后自动排空水样和试剂、自动清洗管路、自动复位到待机状态的功能。

（8）系统具有良好的开放性和扩展性，更改仪器或监测参数时，集成部分无须进行调整。

（9）系统采用直流供电，避免逆变器、开关电源产生的功耗浪费，同时采用先进的节电管理策略，最大程度延长无日照续航时间。

（10）系统提供市电（AC 220V）充电接口，当无日照天气超出光伏供电续航上限时，可采用充电机或小型发电机对系统进行便捷充电。

（11）船体需具有一定的保温和防晒功能，保证船舱内环境温度低于 45℃；当船舱内温度达到设定上限时发出高温报警并自动开启风扇散热。

（12）具有分析仪器及系统过程日志记录和环境参数记录功能，并能够上传至中心平台。

（13）系统具备视频全方位、多视角、全天候监控功能，当出现非法闯入报警时，系统能唤醒摄像机进行视频录制或抓拍；当需要远程监视时，系统支持从平台远程唤醒摄像机进行视频录制或抓拍。

（14）系统具备位置偏移报警功能，当 GPS 位置偏移超出设定阀值时向中心发出报警信号。

（15）能够存储不少于 1 年的原始数据和运行日志。

（16）系统具有良好的扩展性和兼容性，根据实际应用需要，可增加新的监测仪器，并方便仪器的安装与接入。

（17）具有废液处理收集装置，能满足两周以上废液量的收集。

10.2 浮船安装

10.2.1 浮船安装选址

站址选择原则包括建站可行性、水质代表性、监测长期性、系统安全性和运行经济性。

所选取站点的监测结果能代表监测水体的水质状况和变化趋势。河流监测断面一般选择在水质分布均匀、流速稳定的平直河段，距上游入河口或排污口的距离大于 1 km。湖库断面要有较好的水力交换，所在位置能全面反映被监测区域湖库水质真实状况，避免设置在回水区、死水区以及容易造成淤积和水草生长处。

10.2.2 浮船安装流程

10.2.2.1 浮船安装基本流程

浮船站安装流程：泊岸位置选择、吊装卸货、船体附件组装、吊装下水、仪器设备调试、联网调试、牵引至监测点位、锚定等（见图 10－19）。

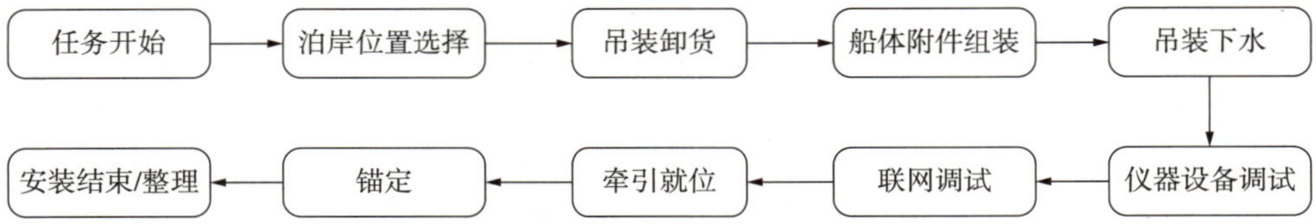

图 10－19 系统安装流程示意图

10.2.2.2 安装操作步骤

（1）泊岸位置选择。

在监测点附近寻找适合船体吊装下水的泊岸或码头，要考虑吊装及船体组装场地的要求及对交通的影响。

（2）到货检查。

核对设备到货是否齐全、完整、完好，开箱设备是否无损伤并妥善保管好随机备件和技术资料。

（3）吊装卸货。

将船体吊装卸货至下水地点岸边的平整空地，船体卸货位置应尽量靠近岸，与水岸距离应保证在吊车伸缩臂覆盖范围内。

（4）船体附件组装。

拼装风力发电机、平衡浮筒、防撞横梁及五参数探头箱等船体外围组件。

（5）吊装下水。

将组装完成的浮船吊装下水，并将锚链固定于泊岸。

（6）仪器设备调试。

对仪器设备进行调试，检查各单元功能是否正常。

（7）联网调试。

对系统数据采集与传输功能进行调试，并确认数据是否上传平台。

（8）牵引至监测点位。

采用牵引船将浮船式水站牵引至监测点位，将牵引船从侧向缓慢向浮船式水站靠拢，两船船头保持同向，牵引速度应控制在 30 km/h 以内。

（9）锚定。

利用牵引船在指定位置下锚，锚链断裂强度应不小于 15 000 N。船体锚定方式可根据现场水深、水文条件选择合适的单锚八字锚、双八字锚等锚定方式。锚可根据底质条件选用合适重量的霍尔锚、三角锚、沉石等。

10.2.3 现场安装注意事项

（1）浮船站运抵准备场地后应对浮柱、防撞装置、踏板等外围组件进行现场安装。

（2）浮柱、防撞装置等船体组件应紧固安装，保证浮船能抵御 8 级以上大风。

（3）采用专用吊具对浮船进行吊装，吊装前检查确认船体组件安装是否牢固，吊具与船体的连接是否可靠。

（4）起吊时应使船体缓慢离地，待确认船体平衡后再转移至水面上方并缓慢下放，吊装全程严禁船体与岸基或其他障碍物接触。

（5）浮船下水后，需用锚链将浮船固定于泊岸。

（6）牵引操作应符合行船安全要求，保证浮船站平稳、安全抵达监测点位。

（7）船体锚定方式可根据现场水深、水文条件选择合适的单锚、八字锚或双八字锚等锚定方式。

（8）锚的类型可根据底质条件选用合适重量的霍尔锚、三角锚等。

（9）锚应选择防腐蚀、防磨损材料，锚链应有足够强度，保证船体相对稳定。

（10）锚绳或锚链可选用合适粗细的尼龙生丝、铁制锚链、丙纶等材质，锚绳或锚链长度介于最大水深的 1.2～1.5 倍。

（11）在码头调试过程中应注意以下几个方面。

①在下水前要根据浮船的实际大小、重量、吊车停靠点距离水边的位置选择起吊重量和起吊距离适合的吊车，确保下水安全。

②下水后在码头调试阶段注意检查新船是否存在漏水、破损，检查每块电池是否满电，要将每块电池断路，单独测量电压。

③检查太阳板以及充电控制器确保充电正常。

④在船体四周加装轮胎浮球等防止有风浪时浮船晃动撞到码头磕破太阳能板以及船体（后期也可起到防碰撞的作用）。

⑤辅锚、主锚与船体的连接处必须加装不锈钢旋转环，避免船体在有风浪时打转，以致打转时间过久将缆绳扭断。

（12）现场固定过程中应注意以下几个方面。

①准备好固定所需的辅锚、主锚、缆绳、绳卡以及工人，选择晴朗无风的天气，前往固定地点，行船途中穿戴救生衣，尽量不靠近船边，防止落水，注意观察大船是否碰撞浮船。

②将主锚石连接缆绳抛入水中时，让人员远离，防止缆绳将人拉入水中，造成意外伤害。

10.3 浮船维护及注意事项

10.3.1 维护的内容与频次

10.3.1.1 日常维护

日常维护内容见表10－2，具体包括：

（1）看护人员现场看护。

浮船是否安全，周围是否有大的异物围绕。

（2）通讯维护。

通讯卡是否欠费，数据能否上传。

（3）根据仪器监测数据、质控数据判断仪器运行情况。

（4）根据多项参数的数据变化趋势分析判断是否有水质异常变化。

（5）根据电源电压、浮船温度数据判断浮船内部情况。

表10－2 日常维护内容表

序号	维护内容	备注
1	浮船站安全	
2	通讯情况	
3	仪器运行情况	
4	水质变化情况	

10.3.1.2 定期维护

定期维护内容见表10－3，具体包括：

（1）查看各台分析仪器及辅助设备的运行状态和主要技术参数，判断运行是否正常。

（2）检查自动站电路系统、通讯线路是否正常。

（3）检查电力供应设施、视频监控设施、安全保障设施是否正常。

（4）巡检各项工作必须记录备查。

（5）通讯检查：确保控制和数据上传通道畅通。

（6）数采仪检查：检查清洗数采仪散热风扇及滤网，检查内存及CPU使用性能，必要时重启数采仪。

（7）通信设施检查：确保控制和数据上传通道畅通。

（8）面板开关检查：检查控制柜前面板开关和指示灯确保其工作正常。

（9）配电板状态检查：检查确保配电板上各个接线接头不松动。

（10）温度仪检查：检查温度仪是否显示正确，保证温湿度探头反应灵敏。

（11）电力供应设施检查：检查太阳能电池板和蓄电池组工况，确保电压、连接正常。

（12）拷贝视频监控数据，检查监控工作状况。

（13）检查 GPS 定位、雷达报警、语音警告是否正常工作。

（14）检查浮船船体（含警示牌）有无破损，固定钢缆、船锚连接是否正常。

表 10-3　定期维护内容表

序号	维护内容	备注
1	通讯检查：确保控制和数据上传通道畅通	
2	数采仪检查：检查清洗数采仪散热风扇及滤网，检查内存及 CPU 使用性能，必要时重启数采仪	
3	通信设施检查：确保控制和数据上传通道畅通	
4	面板开关检查：检查控制柜前面板开关和指示灯确保其工作正常	
5	配电板状态检查：检查确保配电板上各个接线接头不松动	
6	温度仪检查：检查温度仪是否显示正确，保证温湿度探头反应灵敏	
7	电力供应设施检查太阳能电池板和蓄电池组工况，确保电压、连接正常	
8	拷贝视频监控数据，检查监控工作状况	
9	检查 GPS 定位、雷达报警、语音警告是否正常工作	
10	检查浮船船体（含警示牌）有无破损，固定钢缆、船锚连接是否正常	
11	检查内部管路是否通畅，仪器自动清洗装置是否运行正常	
12	检查各自动分析仪的进样水管和排水管是否清洁	
13	检查过滤网是否清洁	
14	电极法仪器、检查标准溶液和电填充液，进行电极探头的清洗	
15	检查各仪器标准溶液和试剂是否在有效使用期内	
16	观察数据采集传输仪运行情况，并检查连接处有无损坏	
17	检查自动分析仪、数据采集传输仪及上位机接收到的数据是否一致	

10.3.1.3　季度维护

季度维护内容见表 10-4，具体包括：

（1）对分析仪器进行系统性维护。

（2）对集成部分进行系统性维护。

（3）船体等承载环境的检查。

表 10－4　季度维护内容表

序号	维护项目	维护内容	备注
1	pH 探头	是否用酸液清洗了一次电极	
		检查 pH 电极是否钝化	
		采样系统是否维护	
2	溶解氧探头	每月是否校准一次	
3	水温	是否进行现场水温比对试验	
4	浊度探头	每月是否校准一次	
5	高锰酸指数在线分析仪	检查内部试管是否污染	
		检查水样导管、排水导管、活塞和密封圈情况是否良好	
6	氨氮在线分析仪	检查内部试管是否污染	
		蠕动泵管是否破损	
		检查水样导管、排水导管、活塞和密封圈情况是否良好	
7	总磷在线分析仪	检查内部试管是否污染	
		检查水样导管、排水导管、活塞和密封圈情况是否良好	
8	总氮在线分析仪	检查内部试管是否污染	
		检查水样导管、排水导管、活塞和密封圈情况是否良好	
9	集成部分	是否对取水管路、配水和进水系统、仪器分析系统进行维护	
		太阳能供电系统是否工作正常	
		风能供电系统是否工作正常	
		UPS 电源是否工作正常	
		监控视频系统是否工作正常	
		红外报警系统是否工作正常	
10	其他项目	检查数据存储/控制系统工作状态是否正常	
		检查船体防雷措施是否良好	

10.3.2　维护要求

10.3.2.1　整体维护

主要是定期对浮船站整个系统进行维护检查，通过宏观检查了解各子系统运行状况（见图 10－20）。

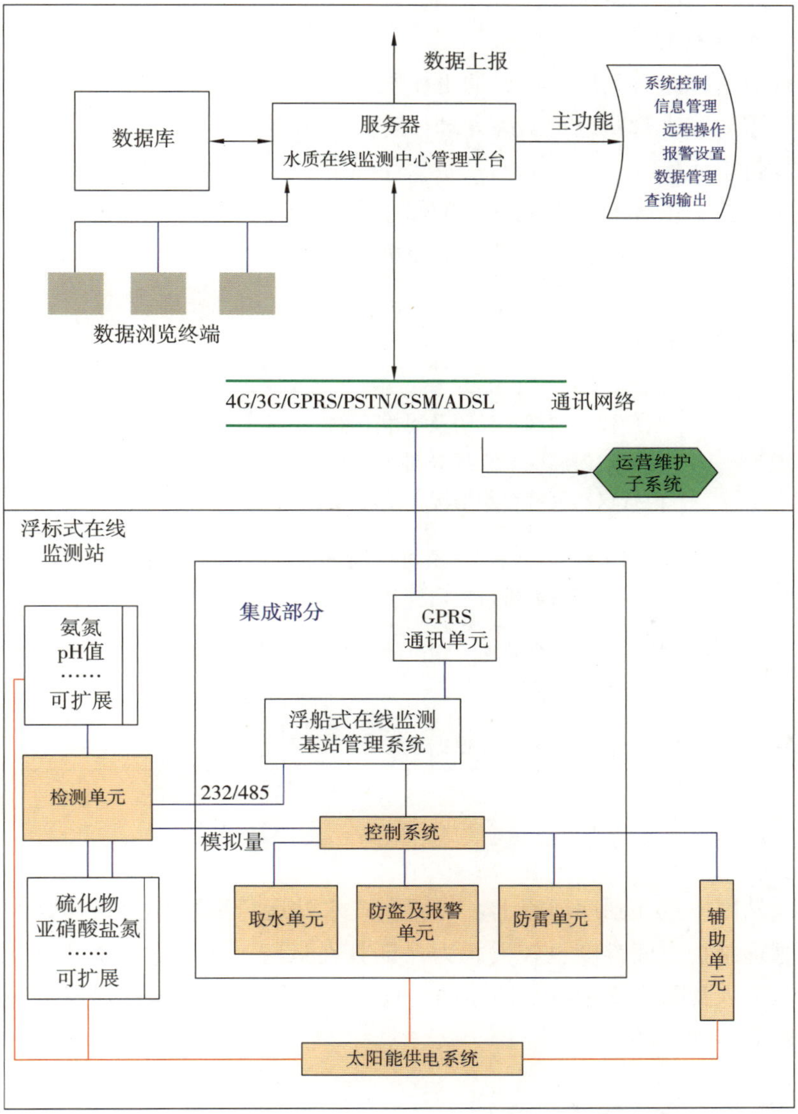

图 10－20　浮船站系统维护流程示意图

10.3.2.2　监测系统维护

（1）基础环境。

①检查浮船的位置是否满足取水环境要求。

②检查浮船周围有无大的杂物缠绕，如渔网、树枝、垃圾漂浮物等。

③检查浮船有无漏水现象。

④检查浮船标识牌、监控系统、雷达报警器系统、太阳能供电系统等外观及功能正常。

⑤检查浮动船电力系统正常。

（2）采水及配水系统。

①检查取水管路有无堵塞，定期更换取水过滤塞。

②冬天需对取水管路进行防冻处理，防止管路结冰。

（3）分析单元。

本单元是整个系统的工作重点，里面包含各种分析仪器，对水样进行分析，分析完成后，数据经采集模块采集送入工控机（见表10－5）。

表10－5　分析单元维护任务

频　次	任　务
每周	清理仪器内部、标明及周边卫生，保持仪器清洁；检查仪器运行环境情况，室内温度不宜过高过低；检查蒸馏水消耗情况，及时更换蒸馏水；检查仪器废液存积情况，及时清空废液桶
每月	检查试剂消耗情况，及时更换试剂，更换试剂前要进行推空试剂流程，更换试剂后需进行空白校准
每季度	检查仪器采样管路、检测池、柱塞泵等清洁使用情况，根据需要清洗或更换部件
每年	检查仪器线路情况根据需要进行更换

10.3.3　维护安全隐患

浮船式站因固定在湖库河流上，与固定式水站运行环境相比存在较大差异，而且在运行管理维护方面难度也较大。为保证其在运行过程中数据有效率大于80%，确保维护人员人身财产安全以及浮船站的稳定持久运行，在运行管理维护过程可能遇到的问题应多加了解。

10.3.3.1　人为因素造成的隐患

（1）搬运腐蚀性试剂时操作不当灼伤自己，腐蚀设备。

（2）化学器皿破裂割伤。

（3）运行维护过程中，试剂配制不规范、试剂储存不当、使用过期试剂、仪器未按技术要求校准等导致监测数据无效。

（4）未及时下载摄像头储存卡视频，导致视频丢失。

（5）渔民及其他社会人员偷盗蓄电池及太阳能板。

（6）行驶的船舶碰撞导致太阳能板、船体、浮筒损坏（特别是夜间行驶的船舶）。

（7）人为蓄意破坏。

10.3.3.2 自然灾害造成的隐患

（1）风浪过大，导致浮船倾覆沉没。

（2）水面结冰。

（3）持续的阴雨天导致电池无法充电而放空损坏。

（4）持久恶劣天气导致运维人员无法登船。

10.3.4 维护注意事项

（1）更换蓄电池时要非常小心，对于开口铅酸蓄电池的安装应戴上防护镜，一旦接触到蓄电池酸液时，请及时用清水冲洗。

（2）蓄电池附近避免放置金属物件，防止蓄电池发生短路。

（3）蓄电池充电时可能产生酸性气体，确保周围环境通风良好。

（4）保证蓄电池连接头处于拧紧状态，避免移动应用时电线摇晃而造成连接头松散。

（5）每天通过 GPS 定位和观看视频确保浮船不发生位移，外观无破损，无其他船只靠近。

（6）定期清洗采水箱以及五参数探头，检查电池电压及充电状况。

（7）了解试剂特性，在使用有毒，有腐蚀性试剂时，必须佩戴护目镜、口罩、橡胶手套，防止发生中毒、烧伤等事故。

（8）校准仪器时，测试期间仪器消解池在加热时可能因操作不当造成漏液或压力过大而发生爆炸，危及维护人员（发生概率非常小）。

（9）在维护巡检时注意观察浮筒、船体有无下沉、倾斜、破损，揽绳上缠绕的渔网需要及时清理，渔网缠绕过多可能会将浮船拖拉倾斜或拉沉。

（10）定期检查缆绳与船体的连接部件，防止断裂导致缆绳脱落，浮船漂走（如果浮标船漂走，GPS 定位在寻找浮船时作用很大）。

（11）每次巡检维护时，必须了解当天的天气情况，以免因起风等恶劣天气，被困浮船。

（12）缆绳长时间拉扯浮船锚环，将导致船体出现裂痕漏水（主要是辅锚）。

10.4 浮船常见故障及排除

10.4.1 通讯故障

10.4.1.1 仪器与工控机通讯故障（网线通讯类型）

常见故障：基站软件显示仪器离线。

硬件部分——检查仪器与工控机连接的网络是否连通，检查交换机是否正常运行，检查水晶头是否插好。

软件部分——检查仪器 IP 地址与 MODBUS 地址是否与工控机中设置一致。

10.4.1.2 五参数与工控机通讯故障（485 通讯类型）

常见故障：基站软件显示仪器离线。

硬件部分——检查五参数与工控机之间的 485 信号线是否连通，检查 485 转 232 模块是否正常工作，检查工控机窜口是否正常，检查信号线是否接对。

软件部分——检查五参数表头各参数输出是否设置正常，检查表头输出的窜口设置是否与工控机对应，检查工控机中各参数设置是否与五参数表头输出设置对应。

10.4.1.3 工控机基站软件平台连接显示离线故障

检查外网是否通畅，检查路由器、VPN 是否正常工作；

检查基站软件平台设置是否正确，检查路由器、VPN 设置是否正确，检查工控机 IP 设置是否正常。

10.4.2 运行故障

系统周期时间不做测试，检查控制模块是否正常运行。

10.4.3 采水故障

检查系统在采水过程中管路是否正常；

检查进水管路有没有堵死的现象。

10.4.4 供电故障

检查电池及控制器等是否正常工作。

10.4.5 光伏系统故障

系统具有故障自检报警功能，可帮助用户定位故障。如果光伏系统出现下列故障现象，请按照表 10－6 方法进行检查及故障排除，分析仪器故障的解决方法参见仪器说明书。

表 10－6 故障分析表

故障现象	可能原因	解决方法
当有充足阳光直射光伏阵列时，充电指示灯不亮	光电池阵列连线开路	请检查光伏阵列两端接线是否正确，接触是否可靠
蓄电池指示灯快闪	蓄电池电压高于超压断开电压	测量蓄电池电压是否过高并断开光电池连线

表 10－6（续）

故障现象	可能原因	解决方法
蓄电池状态指示灯橙色常亮	蓄电池欠电压	不影响负载的输出，充足电后指示灯自动恢复绿色
蓄电池状态指示灯红色常亮	蓄电池过放	控制器自动关闭输出，充足电后指示灯自动恢复绿色
所有指示灯同时闪烁	控制器温度过高（蓄电池橙色灯闪烁）	控制器散热片温度达到 85℃时，控制器会切断输入、输出回路。当控制器散热片温度低于 75℃时，控制器会自动恢复输入、输出回路的连接
	蓄电池电压与工作电压设置值不匹配（蓄电池红色灯闪烁）	请测量当前接入蓄电池的电压是否符合控制器工作电压设置值范围。请及时更换合适的蓄电池或更改合适的控制器工作电压值。如未发现异常请按下开关按键清除该故障
负载端无输出	负载功率超过额定功率或负载短路	过载时：请减少用电设备，按一下按键，3s 后控制器恢复输出； 短路时：消除短路故障点，按一次按键，3s 后恢复正常输出

10.4.6 其他故障

其他故障的现象及出现原因及排除方法见表 10－7。

表 10－7 其他故障及排除方法

故障现象	原因分析	排除方法	备注
开机无显示	电源未接通	检查电源连接正常与否；检查仪器电源保险	
试剂报警或液位故障	缺水样或试剂；管路气密性差或液位检测器发生故障	检查试剂的有无；检查管路气密性	
电机故障	柱塞泵电机极限失灵或驱动器损坏以及电机转不动或掉步	检查电机驱动器是否正常； 检查管路是否出现堵塞	当仪器发生电机故障时，仪器不能进行“标定”或测试操作，直到人为排除故障
采样管路堵塞故障	样品过于混浊大颗粒物，堵塞管路	用稀硝酸（5%）清洗仪器管路多次，然后再用蒸馏水清洗	若不能清洗干净，请更换样

表 10－7（续）

故障现象	原因分析	排除方法	备注
测试质控样或标样结果	试剂存在问题或工作曲线偏移	检查试剂是否正常； 执行空白或标样校准； 重新标定工作曲线	
数据不稳定	光路异常或抽取试剂异常	检查 AD 测试数值是否稳定； 检查管路气密性； 检查管路、检测池和液位管是否清洁	

11 水质自动站的运行维护服务

随着国家科学发展理念的不断深化，政府对经济社会的可持续发展亦越发重视。环境安全与保护被上升到一个至关重要的位置。当前生态环境部正全面推进国家地表水环境质量监测网水质自动监测站建设工作，建立健全以自动监测为主、手工监测为辅的地表水环境质量监测体系，这是贯彻党中央、国务院关于生态环境保护工作的各项决策部署，落实生态环境监测网络“全面设点、全国联网、自动预警、依法追责”要求。中国环境监测总站对运维单位提出了 3 点要求。

一是准确定位。国家水站运维单位是水环境监测数据生产者、水质自动站管理者、水环境考核评价服务者；作为生产者，应建立技术、质控、运维管理三大体系；作为管理者，应保证水站正常运行，保证水站不受外部干扰，保证水站数据的“真、准、全”；作为服务者，主要是服务于生态环境部，接受总站管理，同时也部分服务于地方人民政府及环保部门。

二是理顺关系。水站的建设、运行和维护是国家、地方、运维单位三方的共同责任，运维单位与地方之间是配合协作与管理关系；总站与公司是合同甲乙方、管理与被管理关系。

三是建章立制。总的要求是建立一个平台，全程留痕，完善一套规范、实现闭环运作。

（1）严格遵循监测职业操守、廉洁廉政操守；

（2）规范程序，每项工作、每一事项、每个问题，均建立有明确规范的运行、处理规范与程序；

（3）明确时限，要制定明确具体的监测干扰上报、异常数据处理、仪器故障报告与地方参观、教育、考察等情况的报送时限、备案与备查规定等；

（4）利益脱钩，决不允许把运维与销售捆绑，必须确保运维工作的独立、公正与权威，一旦发现利用运维推销公司仪器设备等利益挂钩现象，立即中止公司运维合同。

为了保障水质自动监测站（以下简称水站）站房及辅助设施、采水、控制、检测、数据传输等各单元长期有效运行，监测流程全程状态可控，通过引入零点、跨度核查和零点、跨度漂移及多点线性核查、实际水样比对 3 个级别的质控手段，配合视频观察、远程质控、飞行检查等多种质控措施，结合水质自动综合管理平台对运维和质控过程中关键参数记录，考核运维工作质量，并通过数据平台有效数据审核结果，判断水站运行状态，有效掌握其监测断面水质变化情况。

对多个水站组成的监测网络的有效数据联网汇总，就可对河流、地区、流域乃至全国的水质变化情况进行监控和分析。因此做好每一个水站的运行维护和质控工作，为每个监控断面提供有效的数据支撑，具有深远的意义。

11.1 运维人员基本素质

水质自动监测系统在政府环保责任目标考核、流域生态补偿、总量减排、监控预警等环境管理工作发挥着日益重要的作用，其运维工作的好坏，将直接影响监测数据的质量。从事水质自动监测系统的运维技术人员必须具备良好的职业素质。

11.1.1 职业操守

环境监测数据是客观评价环境质量状况、反映污染治理成效、实施环境管理与决策的基本依据，保证其真实、准确的重要性不言而喻。没有科学、诚信的环境监测工作支撑，就无法锁定污染来源，进而采取治理措施，不断改善环境质量。

环境监测是保护环境的基础工作，是环境管理的“顶梁柱”。如果被腐蚀了、污染了，那就会带来大厦坍塌的风险，必须用铁一般的意志维护这项工作的纯洁性。生态环境部“真、准、全”的要求系统诠释了环境监测工作的内涵，任何环境监测人员都应忠实践行。

环境监测领域对企业开放有效弥补了体制内监测力量不足的短板。然而，有的企业人员受利益驱动，铤而走险，违法篡改、伪造数据，产生恶劣影响。

净化环境监测市场，一靠加强事中事后的监管，形成打击合力，使监测数据造假没有生存空间，特别是查处一批典型案例，起到震慑效果；二靠标杆检测公司的示范引领，只要潜心深耕，在这个领域同样可以培养出优质企业。

在当前全面提升生态文明，建设美丽中国的大背景下，环境工作得到全面发展。监测数据是环境工作的重要基础，是环境监测的生命线；不准确的监测数据会误导政策的制定，影响地方各级政府考核。环境监测数据是政府公信力的反映，容不得篡改或伪造！因此，作为环境监测技术人员必须善待所事，心怀敬畏，严格遵循监测职业操守、廉洁廉政操守。

11.1.2 专业技能

作为水质自动监测系统的运维技术人员，熟练掌握监测技术与方法是个基本要求。监测人员不仅需要了解地表水水质自动监测站系统的基本组成，监测项目的分析方法、仪器设备测量流程，操作步骤，常见故障处理，还应该明了所使用方法的原理、适用的对象、影响测定准确性的干扰因素等。唯有如此才算得上是熟练掌握监测技术与方法。

11.1.3 数据分析

水质监测系统的运维人员，不仅需要按要求进行水质自动监测系统维护，获得监测数据，还需要对数据进行处理和分析评价，确保监测数据的“真、准、全”，缺少综合分析评价的数据是难以达到环境监测为环境管理服务和改善环境质量服务之目的的。因此，综合分析数据的能力与测试的能力同等重要，是运维技术人员必须具备的素质。

11.1.4 相关法律法规

（1）《中华人民共和国刑法》

第三百三十八条 环境污染罪

“违反国家规定，向土地、水体、大气排放、倾倒或者处置有放射性的废物、含传染病病原体的废物、有毒物质或者其他危险废物，造成重大环境污染事故，致使公私财产遭受重大损失或者人身伤亡的严重后果的，处三年以下有期徒刑或者拘役，并处或者单处罚金；后果特别严重的，处三年以上七年以下有期徒刑，并处罚金。”

第二百八十六条 破坏计算机系统罪

“违反国家规定，对计算机信息系统功能进行删除、修改、增加、干扰，造成计算机信息系统不能正常运行，后果严重的，处五年以下有期徒刑或者拘役；后果特别严重的，处五年以上有期徒刑。

违反国家规定，对计算机信息系统中存储、处理或者传输的数据和应用程序进行删除、修改、增加的操作，后果严重的，依照前款的规定处罚。

故意制作、传播计算机病毒等破坏性程序，影响计算机系统正常运行，后果严重的，依照第一款的规定处罚。”

（2）《最高人民法院、最高人民检察院关于办理环境污染刑事案件适用法律若干问题的解释》

“第十条 违反国家规定，针对环境质量监测系统实施下列行为，或者强令、指使、授意他人实施下列行为的，应当依照刑法第二百八十六条的规定，以破坏计算机信息系统罪论处：

（一）修改参数或者监测数据；

（二）干扰采样，致使监测数据严重失真的；

（三）其他破坏环境质量监测系统行为的。

重点排污单位篡改、伪造自动监测数据或者干扰自动监测设施，排放化学需氧量、氨氮、二氧化硫、氮氧化物等污染源，同时构成污染环境最和破坏计算机信息系统罪的，依照处罚较重的规定定罪处罚。

从事环境监测设施维护、运营的人员实施或者参与实施篡改、伪造自动监测数据、干扰自动监测设施、破坏环境质量监测系统等行为的，应当从重处罚。”

（3）《中华人民共和国环境保护法》

（4）《中华人民共和国水污染防治法》

（5）《环境监测数据弄虚作假行为判定及处理办法》生态环境部

11.1.5 案例

排水口“吐”着脏水，烟囱冒着黑烟，在线监测设备却显示达标排放；监测软件“动手脚”、人为设定污染上限等，环境监测数据造假方式多样，概括起来主要在污染源头、采样点，样品传输、数据传输等过程中造假。

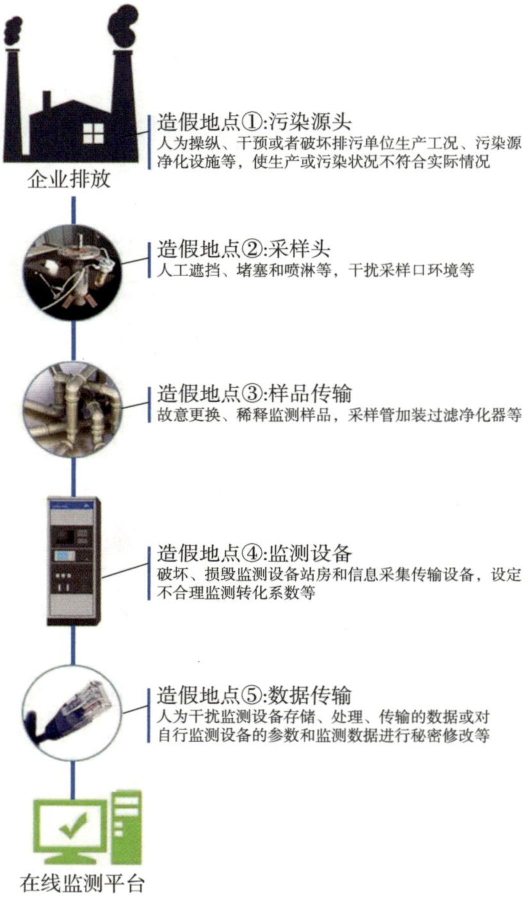

图 11－1 数据造假 5 个主要地点及方式

11.1.5.1 福建省泉州市南翼污水处理厂自动监测数据造假案

2018 年 4 月 19 日，福建省南安市人民法院一审判决被告人邱清育有期徒刑 6 个月，并处罚金 1 万元。2017 年 3 月 23 日，泉州市南翼污水处理厂中控调阅员邱某进入该厂监控站房查阅数据，擅自将化学需氧量（COD）自动监测设备采用管切断，使用其他液体代替实际水样，伪造、隐瞒 COD 自动监测数据，造成污染物的偷排，构成了污染环境罪。邱某成为福建省排污单位污染源自动监测数据造假、污染环境被追究刑责的第一人。

11.1.5.2 湖北省黄冈市湖北雄陶陶瓷有限公司自动监测数据造假案

2017 年 11 月，浠水县人民法院作出判决，雄陶公司安环部负责人被判处有期徒刑 1 年，负责该公司污染源自动监控设施运维的武汉华特安泰科技有限公司运维人员被判处有期徒刑 8 个月，同时浠水县环保局将涉案单位录入湖北省企业环境信用评价信息管理系统，对其实施联合惩戒。

2017 年 5 月 15 日，湖北省环境监察总队通过省级污染源智能监控系统发现黄冈市湖北雄陶陶瓷有限公司（以下简称雄陶公司）涉嫌烟气污染源在线监测数据造假，并对其进行了突击检查，查实相关情况后依法移交黄冈市公安局，调查发现雄陶公司与自动监测设施运维公司联手，篡改伪造二氧化硫排放量自动监测数据，长期超标排放。

2017 年 9 月 25 日，浠水县环保局对雄陶公司在线监测数据弄虚作假违法行为下达《行政处罚决定书》，处罚金额 100 万元。这是湖北省首起因污染源自动监控数据造假入刑的案件。

11.1.5.3 天津超越机动车检测服务有限公司造假案

2017 年 7 月 25 日，天津市环保局执法人员对天津市超越机动车检测服务有限公司（以下简称超越公司）进行检查时发现，超越公司于 2017 年 6 月 8 日、16 日、7 月 5 日，分别对三辆机动车进行尾气检测时违反检测规范，擅自篡改机动车额定功率，以致三辆不合格机动车尾气检测合格。2017 年 9 月 25 日，天津市环保局依据《中华人民共和国大气污染防治法》有关规定，处以罚款 30 万元，并处没收违法所得 175 万元。

11.1.5.4 江西省欧兰宝检测技术有限公司造假案

2018 年初，江西省环境保护厅组织对江西省欧兰宝检测技术有限公司（以下简称欧兰宝公司）检查时，发现该公司于 2017 年 7 月 18 日为寻乌县环卫所出具的检测报告和 2017 年 9 月 19 日为九江德铭实业有限公司出具的检测报告，均属于通过弄虚作假、伪造监测数据等违法方式得出。江西省环境保护厅将欧兰宝公司和法人代表弄虚作假、伪造监测数据的信息提供给江西省公共信用平台，实施联合惩戒。江西省质量技术监督局于 2018 年 6 月 13 日撤销了欧兰宝公司检验检测机构资质认定书。

11.1.5.5 甘肃省白银绿创环保科技有限公司有关环评现状监测数据不实案

2018 年 5 月 24 日，甘肃省环境保护厅组织相关部门对白银绿创环保科技有限公司（以下简称绿创公司）检查时发现该公司有关环评存在分析原始记录三级审核签字不全，采样记录和分析原始记录样品编号不一致，监测结果无法核定和溯源等问题。甘肃省环境保护厅决定该环评现状监测报告在环境管理中不予认可和使用，且自 2018 年 6 月 4 日起，6 个月内禁止绿创公司参与政府购买环境监测服务或政府委托项目，同时将相关问题抄送省质监局，实施联合惩戒。

11.2 术语和定义

11.2.1 跨度

跨度（span）是指适用于所处断面水质的测量范围，跨度值应根据监测项目的水质类别进行设置。当监测项目的水质类别为Ⅰ类～Ⅱ类时，跨度值均采用Ⅱ类水质标准限值的 2.5 倍；为Ⅲ类～劣Ⅴ类时，跨度值为水质类别标准限值的 2.5 倍；当监测项目无水质标准限值时，跨度值为监测项目上一周的水质平均值的 2.5 倍。

从不确定度理论推算样本的不确定度时，有两个重要的结论：一是标准曲线的重心点处，样品不确定度最小；二是标准的点数越多，样品的不确定度越小。基于这两个结论的标准曲线的做法应该是：在样品浓度的附近尽量的多布标准点。引入跨度值意在将日常质控措施的标准溶液浓度范围尽可能分布在断面水质类别的范围内，通过质控核查增加仪器工作曲线在该范围内的标准点，检验仪器工作曲线在该范围线性相关系数，减少仪器工作曲线在该范围内的不确定度，提高仪器在该范围内进行水样测量的可靠性。

11.2.2 零点核查与跨度核查

零点核查（Zero Check）是指采用水质自动分析仪测试跨度值 0～10%的标准溶液的示值误差，判断仪器可靠性的措施。

跨度核查（Span Check）是指采用水质自动分析仪测试跨度值 80%左右的标准溶液的示值误差，判断仪器可靠性的措施。

零点核查溶液由运维人员在现场更换并在平台填写溶液浓度，若选用空白样作为零点核查溶液，要求仪器不能屏蔽负值。不同仪器零点核查要求不同。

当断面水质发生明显变化需调整跨度核查液浓度时，需经过平台二次审核。跨度核查需满足相对误差≤±10%。

11.2.3 24 h 零点漂移与 24 h 跨度漂移

仪器漂移是测量仪器计量特性的慢变化。它反映了在规定的条件下，测量仪器计量特性随时间的慢变化，诸如在几分钟、几十分钟或几小时内，保持其计量特性恒定的能力。例如：测量仪器在规定时间内的零点漂移，线性测量仪器静态特性随时间变化的量程漂移。

仪器漂移往往是由于温度、压力、湿度等外界变化所致，或由于仪器本身性能的不稳定所致。测量仪器使用前采取预热、预先在水站通电待机一段时间，减少仪器所处环境温、湿度变化等都是减少漂移的措施。及时维护仪器，按要求更换仪器备品备件，保持仪器稳定的状态是减少仪器漂移的主要手段。

24 h零点漂移（24 hours Zero Drift）指水质自动分析仪以24 h为周期测试跨度值0～10%的标准溶液，仪器指示值在24 h前后的变化，具体示例见图11－2。

跨度漂移（24 hours Span Drift）指水质自动分析仪以24 h为周期测试跨度值80%左右的标准溶液，仪器指示值在24 h前后的变化，具体示例见图11－2。

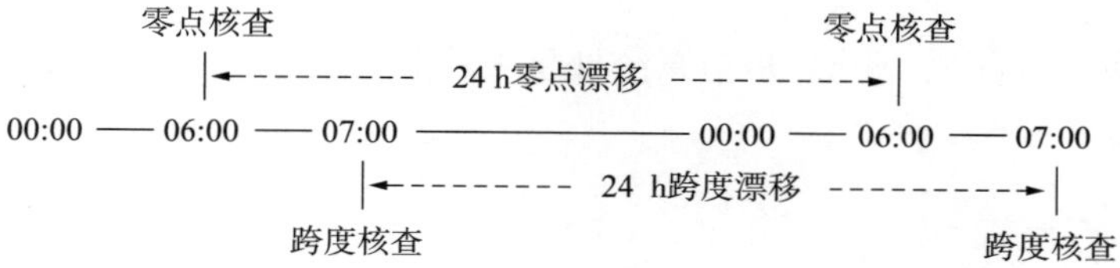

图11－2　24 h零点漂移和跨度漂移检测方法示例

11.2.4　集成干预检查

集成干预检查（Integrated Interference Test）是指系统开始采水时在采水口处人工采集水样，沉淀30 min后取上清液摇匀待系统测试完毕后，直接经水质自动分析仪测试，与系统自动测定的结果进行比对，检查系统集成对水质的影响。

水质自动监测系统的采水管路、预处理单元、分析仪器的前处理单元所采用的沉沙、破碎、过滤等措施，都可能导致进入分析仪器的源水性质发生变化，从而产生一个系统误差，使监测结果发生偏离。而不进行相关的预处理，源水所含杂质又可能导致分析仪器无法正常测量，甚至损坏仪器部件。进行集成干预检查，意在根据现场情况，建立合理的预处理方式和流程，保证仪器正常测量的情况下，尽量减少系统误差。

11.2.5　多点线性核查

多点线性核查（Multipoint Linear Verification）是指水质自动分析仪依次测试跨度范围内4个点（含空白、低、中、高4个浓度）的标准溶液，根据测试结果进行线性拟合，用以判定数据可靠性的措施。

多点线性核查通过增加跨度范围内的标准点测试，检验分析仪器工作曲线在跨度范围内的不确定度，判断分析数据在跨度范围内的可靠性。

11.2.6　过程日志

过程日志（Process Logs）是指水站进行采配水、分析、清洗至流程结束整个监测过程的状态信息，应至少包括各步骤启动时间、工作状态、分析过程等信息。

11.2.7　维护区间

维护区间（Maintenance Period）是指仪器进入更换试剂、更换部件、人工校准等维护至满足质控要求的区间。

11.2.8 失控状态

失控状态（Out of Control State）是指水站仪器设备维护期间及不满足质控要求的区间均属于失控状态。

11.2.9 无效数据

无效数据（Invalid Data）是指系统处于失控状态、中心平台未获取到等未通过审核的数据。

11.2.10 水质自动综合监管平台

水质自动综合监管平台（Comprehensive Monitoring Platform for Automatic Monitoring of Water Quality）是指对水质自动监测站进行数据采集、存储、远程控制，并具有运维管理、质控管理、数据综合应用等功能的软件系统。

11.3 运行维护的目标和要求

11.3.1 质控要求

水站运维人员根据水站水质情况完成质控计划中的质控考核，并通过运维管理平台及时提交质控结果。当质控结果超过允许误差范围时，仪器处于失控状态，应及时查找原因、排除故障，重新进行质控考核，在质控考核合格前水站数据均为无效数据（见表 11－1）。

表 11－1 氨氮、高锰酸盐指数、总磷、总氮自动分析仪质控措施技术要求

质控措施	技术要求				备注
	高锰酸盐指数	氨氮	总磷	总氮	
24 h 零点核查	±1.0mg/L	±0.2mg/L	±0.02mg/L	±0.3mg/L	
24 h 零点漂移	±5%				
24 h 跨度核查	±10%				如做其他浓度标样核查应≤±10%
24 h 跨度漂移	±10%				

表 11－1（续）

质控措施		技术要求				备注
		高锰酸盐指数	氨氮	总磷	总氮	
多点线性核查	零点绝对误差	±1.0 mg/L	±0.2 mg/L	±0.02 mg/L	±0.3 mg/L	多点线性核查可在多日内穿插完成，可使用零点核查和跨度核查测试结果
	示值误差	±10%				
	相关系数	≥0.98				
实际水样比对		$C_X > B_{Ⅳ}$		±20%		
		$B_{Ⅱ} < C_X \leq B_{Ⅳ}$		±30%		
		当自动监测结果和实验室分析结果均低于 $B_{Ⅱ}$ 时，认定比对实验结果合格				
加标回收率自动测试		80%～120%				浮船站除外
集成干预检查		±10%				浮船站除外

表 11－2　常规五参数水质自动分析仪质控措施要求

质控措施	技术要求					
	水温	pH	溶解氧	电导率		浊度
标准溶液考核	—	±0.1	±0.3 mg/L	标准溶液浓度>100 μs/cm	±5%	±10%
				标准溶液浓度≤100 μg/cm	±5 μs/cm	
实际水样比对	±0.5℃	±0.5	±0.5 mg/L	水样浓度>100 μs/cm	±10%	±10%
				水样浓度≤100 μs/cm	±10 μs/cm	

表 11－3　叶绿素 a、蓝绿藻密度水质自动分析仪质控措施要求

监测项目	质控项目	技术要求
叶绿素 a	多点线性核查	零点绝对误差应为≤3 倍检出限，其他点相对误差应≤±5%，线性相关系数应≥0.993
蓝绿藻密度	多点线性核查	

11.3.1.1　氨氮、高锰酸盐指数、总磷、总氮水质分析仪质控措施核查方法

（1）24 h 零点核查。

水质自动分析仪测试跨度值 0～10%的标准溶液，测试结果以绝对误差（AE）表示，计算公式如下：

$$AE = x_i - c \tag{11-1}$$

式中：AE——绝对误差，mg/L；

x_i——仪器零点测定值，mg/L；

c——标准溶液浓度值，mg/L。

（2）24 h 零点漂移。

水质自动分析仪采用跨度值 0～10%的标准溶液，以 24 h 为周期进行零点漂移测试，计算公式如下：

$$ZD=\frac{x_i-x_{i-1}}{S}\times100\% \tag{11-2}$$

式中：ZD——24 h 零点漂移；

x_i——当日仪器零点测定值，mg/L；

x_{i-1}——前一日仪器零点测定值，mg/L；

S——仪器跨度值，mg/L。

（3）24 h 跨度核查。

使用跨度值 80%左右的标准溶液对水质自动分析仪进行跨度核查，核查结果以相对误差（RE）表示，计算公式如下：

$$RE=\frac{x_i-c}{c}\times100\% \tag{11-3}$$

式中：RE——相对误差；

x_i——仪器测定值，mg/L；

c——标准溶液浓度值，mg/L。

（4）24 h 跨度漂移。

水质自动分析仪采用跨度值 80%左右的标准溶液，以 24 h 为周期进行跨度漂移测试，计算公式如下：

$$SD=\frac{x_i-x_{i-1}}{S}\times100\% \tag{11-4}$$

式中：SD——24 h 跨度漂移；

x_i——当日仪器测定值，mg/L；

x_{i-1}——前一日仪器测定值，mg/L；

S——仪器跨度值，mg/L。

（5）多点线性检查。

指水质自动分析仪依次测试跨度范围内 4 个点（含零点、低、中、高 4 个浓度）的标准溶液，基于最小二乘法进行线性拟合，并计算每个点测试的示值误差。

空白样测试的示值误差以绝对误差表示，其他 3 个浓度标准溶液测试的示值误差以相对误差表示。

（6）加标回收率自动测定。

仪器进行一次实际水样测定后，对同一样品加入一定量的标准溶液，仪器测试加标后样品，以加标前后水样的测定值计算回收率。

$$R=\frac{B-A}{\frac{V_1\times C}{V_2}}\times100\% \tag{11-5}$$

式中：R——加标回收率；

B——加标后水样测定值；

A——样品测定值；

V_1——加标体积，ml；

C——加标样浓度，mg/L；

V_2——加标后水样体积，ml。

注：当被测水样浓度低于分析仪器的4倍检出限时，加标量应为分析仪器4倍检出限浓度；加标量应尽量与样品待测物含量相等或相近，加标体积不得超过样品体积的1%；当被测水样浓度高于分析仪器的4倍检出限时，加标量为水样浓度的0.5～3倍。当加标浓度超出分析仪器的量程时，分析仪器自动切换到合适量程进行测试。

（7）集成干预检查。

指在采水口处人工采集水样，沉淀30 min后经自动分析仪器直接测试，与系统自动测定的结果进行比对，检查系统集成对水质的影响。

$$RE_i=\frac{|A_2-A_1|}{\frac{A_2+A_1}{2}}\times 100\% \tag{11-6}$$

式中：RE_i——仪器相对偏差；

A_1——系统自动测试结果；

A_2——人工采样仪器测试结果。

（8）实际水样比对。

开展实际水样比对，实验室按照国家标准方法开展实验室手工分析，自动监测的结果相对于实验室手工分析结果的相对误差应满足要求。

11.3.1.2 常规五参数水质分析仪质控措施核查方法

（1）标样核查。

使用标准溶液（购买标准溶液或自行配制）对自动监测仪器进行标样核查；标样核查结果以绝对误差（AE）或相对误差（RE）表示；温度、pH、溶解氧测试结果按照绝对误差进行检查，计算公式如下：

$$\mathrm{AE}=x_i-c \tag{11-7}$$

式中：AE——绝对误差；

x_i——仪器测定值；

c——标准值。

电导率、浊度测试结果按照相对误差进行检查，计算公式如下：

$$\mathrm{RE}=\frac{x_i-c}{c}\times 100\% \tag{11-8}$$

式中：RE——相对误差；

x_i——仪器测定值；

c——标准值。

注：①水温核查通过便携式温度计对同一水样同步测试进行核查；pH 选用 25℃时 pH＝4.01、6.86、9.18 标准 pH 缓冲溶液进行核查，每月至少应进行 2 个不同浓度标准溶液核查。

②溶解氧每月应进行无氧水核查和空气中饱和溶解氧核查，电导率和浊度每月应采用与监测断面水质监测项目浓度相接近的标准溶液及其 2 倍浓度标准溶液进行核查。

（2）实际水样比对。

开展实际水样比对，可与经过认证的便携式仪器或第三方实验室比对，自动监测的结果相对于便携式仪器或实验室测试结果的误差应满足要求。

11.3.1.3 叶绿素 a 和蓝绿藻密度水质分析仪质控措施核查方法

（1）多点线性核查。

叶绿素 a 采用浓度均匀分布跨度值范围内 4 个标准溶液进行多点线性核查。当水体为贫营养、中营养时，叶绿素 a 跨度值为中营养标准限值的 2.5 倍，富营养跨度值为标准限值的 2.5 倍；重富营养跨度值采用上一周的水质平均值的 2.5 倍。蓝绿藻密度浓度为采用 0、25 000 cells/ml、50 000 cells/ml、150 000 cells/ml 附近的标准溶液进行多点线性核查。其中叶绿素 a 和蓝绿藻密度的标准溶液采用标准物质或等效物质配置。将测试结果与标准溶液浓度基于最小二乘法进行线性拟合，并计算每种标准溶液的示值误差。

（2）实际水样比对。

开展叶绿素 a 实际水样比对，可与第三方实验室或经过相关认证的便携式仪器比对，自动监测的结果相对于便携式仪器或实验室测试结果的误差应满足要求。

11.3.2 数据在线率要求

常规五参数、叶绿素 a、蓝绿藻密度以 1 h 为周期进行系统采样分析并记录和上传数据，其他监测项目按照 4 h 为周期，分别在 0:00、4:00、8:00、12:00、16:00、20:00 启动系统采样和分析流程，记录、上传分析数据。

任何故障导致任何参数超过 48 h 无法正常测试时，需补测一次人工数据，后续每周人工补测 2 次（间隔 48 h 以上）直至故障排除。发生台风、断流等不可抗力因素导致无法人工采样时除外。

11.3.3 数据有效率要求

制订有效的运行维护计划和质控考核计划，对水站进行及时有效的运行维护，按要求完成质控考核，尽量减少水站失控状态和无效数据，保障水站每月所有监测项目数据有效率均大于 80%。

11.3.4 应急响应要求

发生数据异常情况时，对于疑似污染事故第一时间赶往现场并采取相关质控措施进行排查，查明并分析原因，记录备案并上报。对于持续污染事故，需与采测分离机构联动，信息共享，加密监测。对于仪器及系统故障等按规范要求及时前往现场处理或根据情况使用备机。

11.3.5 运维单位的要求

11.3.5.1 运维服务中心建设

运维单位根据所运维区域站点分布、交通状况等特点，合理建设运维服务中心，保证对运维水站全面覆盖和及时响应，对个别偏远站点，需安排运维人员长期驻守。

运维单位需制定严格的运维管理制度，结合网络信息化管理等手段，有效管控运维技术人员，规范运维操作流程。

11.3.5.2 人员及车辆配置

运维单位按要求配备持有上岗证的运维人员，专职负责水站运维；运维车辆、船只符合现场使用要求，专车（船）专用。并建立人员、车辆档案上报备案，人员、车辆调整需申请报备。

11.3.5.3 备品备件及备机

运维单位需在运维服务中心建立备品、备件库，并配备足够数量的备机。易耗品需按仪器说明书要求定期更换。

11.3.5.4 实验室建设及移动监测车

运维单位需建立符合规范的实验室用于水站运维期间标液和试剂的配制，并至少满足常规九参数水样比对要求，限期通过 CMA 实验室认证。同时需配备移动监测实验车，以满足水站应急比对需求。

11.3.5.5 水站安全文明要求

运维单位对水站内一切财产的安全负责，可聘请看护人员或者采用远程监控等措施，确保水站财产安全。运维公司需注意站房卫生，保持站房干净整洁，配合地方文化建设。

11.3.5.6 水站记录及档案资料整理

运维单位需保存好水站站房设计图、系统水电路图、防雷检测报告、系统安装调试记录、试运行记录、验收监测记录、仪器说明书、仪器的适用性检测报告、仪器和系统操作手册、仪器的质控报告以及各类运行记录，保存水站记录和档案资料至少 3 年可查。

11.4 水站运维服务的流程

水站运维服务流程见图 11－3。

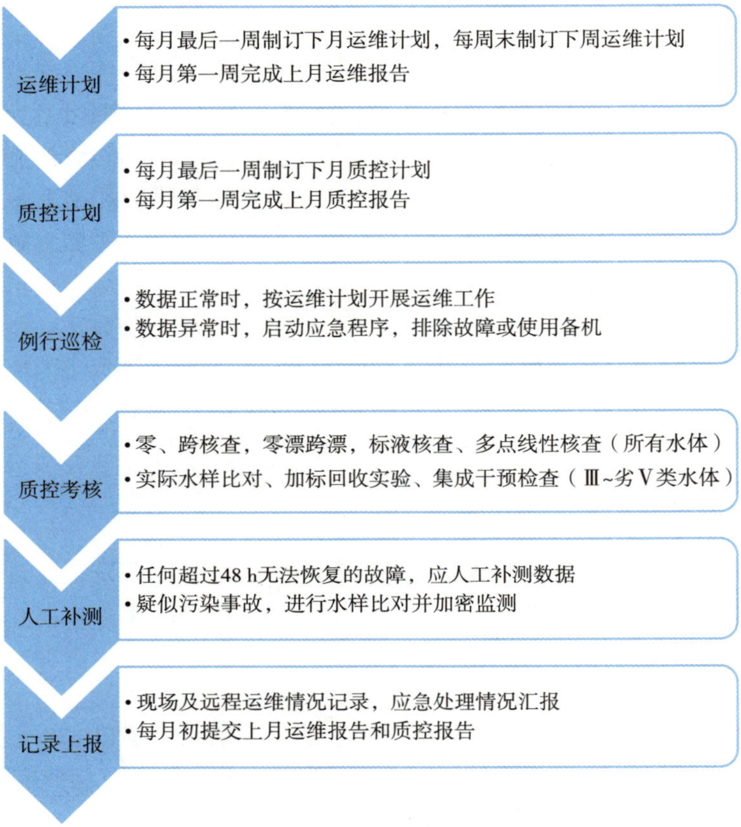

图 11－3　水站运维服务流程示意图

11.4.1　运维计划及质控计划的制订

运维单位应制订月度运维计划和月度质控计划，通过水质自动综合监管平台提交并审核后，下发给各运维服务中心负责人及持证上岗的水站运维工程师。水质自动综合监管平台实时跟踪计划完成情况（见表 11－4）。

11.4.2　远程维护

运维单位应每天通过平台查看监测数据，对其运行状态和数据质量进行相应判断，对站点的运维情况及相关信息进行统计和评价。

表 11－4 月度质控措施及频次

监测因子	测试项目	测试时间	备注
常规五参数	标样核查	每周后半周	pH 测试 pH＝4.01、6.86、9.18；溶解氧测试无氧水和空气中饱和溶解氧；电导和浊度测试与监测断面水质监测项目浓度相接近的标准溶液及其 2 倍浓度
	实际水样比对	每月 15 日后	
COD_{Mn}、NH_3-N、TP、TN	24 h 零点核查/漂移	每日	跨度值的 0～10%，不允许屏蔽负值
	24 h 跨度核查/漂移	每日	跨度值的 80%左右
	多点线性核查	每月 15 日后	空白、低、中、高，可采用零点核查和跨度核查结果
	实际水样比对	每月 15 日后	
	集成干预	每月 15 日后	结果不参与数据有效性评价（浮船站除外）
	加标回收率	每月 15 日后	
叶绿素 a、蓝绿藻密度	多点线性核查	每月 15 日后	空白、低、中、高

11.4.2.1 远程巡视

每日对水站运行条件及设备运行状况进行远程查看，并填写记录表。具体工作如下：

（1）检查数据采集与传输状况，确认是否获取了水站全部仪器的监测数据和过程日志。

（2）根据仪器质控结果、过程日志判断仪器运行情况及数据的可靠性。

（3）检查前一天数据上传情况，审核并对数据的真实准确性进行判定，对异常数据进行标记，填写数据审核日志。

（4）远程监视采水设施、水位以及站房内外情况，如发现异常，应及时上报。

（5）远程查看确认是否存在非法入侵行为。

（6）远程查看确认是否存在船体移位报警，如发现异常应及时上报。

（7）远程查看船体蓄电池电量，如电量过低应及时上报，并赴现场安排外接电源（或发电机）进行充电。

11.4.2.2 远程控制

（1）通过远程控制，可对仪器进行校时、复位、测试、校准、清洗、标液核查等工作。

（2）当监测数据出现异常时，运维人员远程发送必要的质控测试命令，根据测试结果综合判断数据有效性。一旦确定仪器设备故障或水质发生重大变化，要及时赴现场处理处置。

11.4.2.3 远程信息统计评价

通过平台对各站点的运维巡检频次、质控频次、故障响应情况、超标响应情况等信息进行统计，结合质控报告和数据有效率等对水站的运行维护情况进行统计。

11.4.2.4 运行故障统计

（1）通过数据平台，根据台账填报内容，对系统集成及分析仪器等各类故障进行统计。

（2）通过数据平台，对水站故障修复时间和修复后的质控措施进行统计，记录未能在规定时间内解决的故障。

11.4.3 现场维护

11.4.3.1 例行巡检

（1）检查站房空调及保温措施，保持温度稳定；检查水泵及空压机固定情况，避免仪器振动；检查空压机、不间断电源（UPS）、除藻装置、纯水机等外部保障设施运行状态，及时更换耗材。

（2）检查水站电路系统是否正常，接地线路是否可靠，检查采样和排水管路是否有漏液或堵塞现象，排水装置工作是否正常。

（3）检查采配水单元是否正常，如采水浮筒固定情况，自吸泵运行情况等；定期清洗采配水单元，包括采水头、泵体、沉沙池、过滤头、水样杯、阀门、相关管路等，对于无法清洗干净的应及时更换。

（4）检查工控机运行状态和主要技术参数，有无中毒现象，至少每月备份一次现场数据。

（5）检查上传至平台的数据和现场数据的一致性；检查仪器与控制单元的通讯线路是否正常。

（6）查看水质自动分析仪及辅助设备的运行状态和主要技术参数，判断运行是否正常；检查有无漏液；进样管路、试剂管路中是否有气泡存在，并及时将气泡排出。

（7）检查试剂状况，定期添加、更换试剂。所用纯水和试剂须达到相关技术要求，更换周期不得超过规定的试剂保质期。

（8）站房周围的杂草和积水应及时清除，检查防雷设施是否可靠，站房是否有漏水现象，站房外围的其他设施是否有损坏或被水淹，如遇到以上问题及时处理，保证水站系统安全运行；在封冻期来临前做好采水管路和站房保温等维护工作。

（9）及时整理站房及仪器，完成废液收集并按相关规定要求做好处置工作，且留档备查；保持站房及各仪器干净整洁，及时关闭门窗，避免日光直射仪器设备。

（10）检查浮船站船体是否发生较大位移，如存在较大位移时应重新进行锚定。

（11）检查浮船站供电是否正常。

（12）检查浮船站温度传感器、警示灯、舱室漏水报警设备、防雷装置等辅助单元的运行状态。

11.4.3.2 定期养护

水站定期养护项目及最低频次不得低于表 11－5 要求。

表 11－5 定期养护内容及频次要求

工作内容		周	月	季度	半年	年	备注
站房	消防设施更换					√	
	防雷检测					√	
	空调维护			√			浮船站除外
	船体清洗				√		
采配水单元	潜水泵清洗		√				
	采水辅助设施			√			
	五参数检测池清洗	√					
	沉淀池清洗		√				
	过滤器清洗	√					
	水样杯清洗	√					
分析单元	试剂更换	√					可根据仪器要求执行
	易损易耗件更换				√		
	废液处置		√				
	保养检修	√			√		
	试剂贮存箱温度检查	√					
控制单元及通信单元	网络通信设备检查			√			
	工控机检查			√			

表 11－5（续）

工作内容		周	月	季度	半年	年	备注
辅助设备	稳压电源检查		√				
	UPS 检查		√				
	空压机检查		√				
	纯水机滤芯维护			√			
	太阳能板检查		√				
	太阳能板清洁	√					
	风力发电机		√				
	蓄电池		√				
	舱室漏水报警设备	√					
	警示灯					√	
	自动定位系统					√	
	视频设备检查	√	√				
自动采样器		√	√				
数据备份			√				
备机维护			√				

（1）站房。

①保证站房内空调设施运行正常，定期进行全面的养护。

②每年需通过具有资质的专业机构对防火、防雷设施进行检测、维护或更换，并出具报告。

（2）分析单元。

①应依据断面水质状况、水站环境条件和分析仪器的要求制定易耗品的更换周期，做到定期更换；对使用期限有规定的易耗品应严格按使用规定期限定期进行更换。

②定期清洗和更换仪器进样管。

③建立零配件库，根据不同零配件和易耗件的更换周期，提前备货。

④试剂更换。

➢ 水站仪器所用试剂的更换周期应根据试剂稳定性和保质期确定，室/舱内温度较高时应缩短更换周期，试剂的更换周期不得超过 20 d。

➢ 试剂更换后，应进行一次自动监测仪器的校准和标液核查。

➢ 试剂更换后应记录试剂更换日期，并给出下次试剂更换日期；根据试剂消耗量及下次更换日期，及时准备试剂。

⑤保养检修：

➢ 水站的监测仪器设备每年至少进行 1 次检修；

➢ 按维护手册的要求，根据使用寿命，更换监测仪器中的光源、电极、泵、阀、传感器等关键零部件；

➢ 对仪器光路、液路、电路板和各种接头及插座等进行检查和清洁处理；

➢ 根据废液产生量及时进行妥善处理。

（3）控制单元及通讯单元。

①定期强制切断电源复位工控机查看是否可以自动启动，并运行操作系统、加载现场监控软件，查看串口通讯是否正常。

②定期对网络通讯设备进行断电重启，查看启动后是否通讯正常。

③每月检查开机过程中硬件自检过程是否有异常数据传输和报警。

④每月对工控机进行杀毒，保证软件正常运行。

（4）其他站辅助设备。

①定期检查稳压电源及 UPS 的输出是否符合技术要求，异常情况须及时排查处理。

②每月至少检查一次空气压缩机气泵和清水增压泵的工作状况，并对空气过滤器进行放水。

③定期检查并清洗自动留样器取样头滤网，检查采样泵、采样分配单元、低温冷藏模块等的工作状况是否正常，采样瓶是否干净、无破损。

④按厂家提供的使用和维修手册规定的要求，根据使用寿命，更换自动留样器中的泵、阀、传感器等关键零部件。

⑤定期检查摄像头是否破损，视频设备功能是否正常，包括摄像机、视频存储、云台控制等。

（5）浮船站辅助设备。

①定期检查蓄电池工作状态，必要时采用外接电源或发电机进行充电。

②定期检查舱室漏水报警设备工作状态。

③定期检查救生圈充气状态。

④定期检查摄像头是否破损，视频设备功能是否正常，包括摄像、视频存储等。

（6）备机。

每月对备用仪器进行一次标样核查，如核查结果不符合 6.1.3 规定的质控评价要求，应重新进行一次校准和核查，如仍不符合表 6.1.3 的规定，则应进入维护状态。

（7）其他。

①数据备份：每月对监测数据进行一次备份，备份数据单独存储。

②长时间停机：当分析仪需要停机 48 h 或更长时间时，关闭分析仪器和进样阀，关闭电源；用纯水清洗分析仪器的蠕动泵以及试剂管路，清洗检测池并排空；再次运行时仪器须重新校准，并进行一次自动分析仪器的多点线性检查。

11.4.4 应急维护

11.4.4.1 数据异常处置

（1）出现以下情况的可确认为数据异常：

①监测中断的数据。

②监测数据长时间不变或短时间突变。

③监测仪器设备状态参数异常、过程日志异常或监测仪器设备故障的监测数据。

④经监测项目之间相关性分析、气象条件、水站所在地历史数据分析认为明显违背常理的监测数据。

（2）发生数据异常情况时，应及时采取相关质控措施进行排查，查明并分析原因，记录备案并上报。

①确认仪器通讯存在障碍或仪器状态异常、仪器故障的，应尽快前往现场查明原因，进行故障处理。

②远程启动跨度核查，核查未通过时应前往现场查明原因，进行故障处理。

11.4.4.2 水站系统异常处理

①当水站出现故障时运维单位在 8 h（工作时间）内立刻响应，并在 24 h 内解决所有故障。

②对于在现场能够诊断明确，且可通过更换备件解决的问题（例如电磁阀故障、泵管破裂、液路堵塞和灯源老化等问题）则在现场进行检修。

③对于其他不易诊断和检修的故障，或 48 h 内无法排除的仪器故障，应采用备用仪器替代发生故障的仪器，将发生故障的仪器或配件送实验室或仪器厂商进行检查和维修。

④当浮船站确认遭遇了非法入侵、碰撞损坏、舱室渗水、GPS 位置大范围偏移、电量不足等情况时，应进行应急维护。

11.4.4.3 人工补测要求

①水站日常监测的项目均为补测项目。

②水站长时间停电或停水（自来水）超过 48 h 需人工补测 1 次，后续每周人工补测 2 次，直至水电恢复正常供应。

③水位不足造成水站无法取样分析超过 48 h 需人工补测 1 次，后续每周人工补测 2 次，直至河流水位恢复正常。

④由于采水设施损毁造成的水站无法取样分析超过 48 h 人工补测 1 次，后续每周人工补测 2 次，直至河流水位恢复正常。

⑤河流断面处于冰封期无法正常运行时应每周人工补测 2 次，直至河流冰封期解除。

⑥当发生台风、断流等不可抗力因素导致无法人工采样时的缺失数据将不参与统计。

⑦每周人工补测 2 次时，补测间隔不小于 3 天。

11.4.5 相关运维记录

远程或现场完成水站运维工作后，需对运维内容进行如实填写，包含水站基本情况信息表、水站仪器参数设置记录表、水站远程巡视记录表、水站巡检维护记录表、水站试剂及标准样品更换记录表，校准、标液核查检查结果记录表，仪器设备检修记录表，易耗品和备品备件更换记录表，水站监测数据报表，数据审核表等记录表格。每月对所有表格进行收集存档。

11.5 水站运维服务注意事项

11.5.1 水站运维数据“真、准、全”的要求

（1）环境监测数据“真、准、全”是生态环境部对环境监测岗位提出基本要求。

（2）从事运维服务过程中，保证仪器监测数据真实是底线，监测数据准确是要求，监测数据全面是目标。

（3）从事运维服务工作，应具有良好的职业操作，坚持监测数据真实的底线，不支持和参与任何干扰水质自动监测站正常测试的行为，发现类似问题第一时间上报。

（4）为保障监测数据准确性，运维单位需要建立完备的运维管理办法和系统的质控管理体系。保障每周运维计划和每月质控计划的顺利实施。监测数据的审 核，发布与质控措施的实施形成完整的闭环，确保监测数据准确可靠。

（5）水站使用的标准物质，核查溶液需要通过有资质的实验室和人员进行配制，并做好相应记录，符合量值溯源要求；质控人员必须持有水站运维作业上岗证，质控过程严格按规范进行操作。

11.5.2 水站运维有效数据控制

（1）在传统的有效数据审核机制上，新引入的质控措施均对数据有效性产生较大影响，水站系统及仪器维护期间的数据，也均视为无效。

（2）当发现零点核查、零点漂移，跨度核查、跨度漂移任何一项不合格，此次质控无效，应第一时间赶往现场排查异常情况，尽快完成零点及跨度核查的重测。第二天还需对核查情况进行复核，如果重测的零点、跨度漂移均合格，重测后的数据才能视为有效。

（3）水站因外界因素导致零点、跨度核查缺失，应及时前往现场进行补测，补测结果需在合格范围内。

（4）多点线性核查未通过时，当月重新核查前的所有数据视为无效数据，第一时间赶往现场排查异常情况，并先后完成零点及跨度核查，第二天还需对核查情况进行复核，跨度漂移合格，再重新做多点线性核查通过（至月末超过 7 日，还需要再次进行多点线性核查并通过），当月重做后的数据才能视为有效。

（5）集成干预实验、加标回收实验目前虽不影响数据有效率判定，但对于预处理方式及仪器分析方法对当前水体的适用性有较大参考价值，如果偏差较大应对采

配水和预处理系统进行必要的调整。

11.5.3 水站资产保全及数据保密要求

（1）运行维护期间，水站的全部资产（建筑物、设备、软件、配套设施、水质自动监测系统和配套监控系统产生的各类数据信息及相关文档资料等）属采购人所有。未经采购人同意，运维单位不得以任何方式对各类财产进行出售、抵押或转移。

（2）运行维护期间，运维单位有责任保证水站全部资产的完整、安全并处于良好状态。每个水站必须配备值守人员，避免出现因被盗、人为破坏等原因造成的资产流失。如出现因运维单位安保措施不当造成的水站资产丢失、破坏的情况，运维单位须复原并尽快恢复运行，所发生的费用由运维单位承担。运维单位须协助采购人做好水站固定资产登记管理等工作。

（3）运行维护期间，相关单位进入水站站房需进行登记备案，并及时上报，运维单位不得擅自为他人进出水站提供便利，由此产生的任何负面影响需由运维单位承担。

（4）运维单位对水站的监测数据负有保密的责任，不得以任何方式和渠道向外界提供。

（5）实际水样比对测试未通过时，当月重新核查前的所有数据视为无效数据。第一时间赶往现场排查异常情况，并先后完成零点及跨度核查，第二天对核查情况进行复核，保证漂移合格。合格后，再重新做的点线性核查，核查通过后还需开展实际水样比对测试（至月末超过 7 日，还需再做一次实际水样比对测试），通过后，则重测后的数据才能视为有效。

12 国家地表水环境质量监测与评价现状

12.1 地表水监测概况

12.1.1 断面（点位）的设置原则

12.1.1.1 代表性

国家地表水环境监测网覆盖全国主要河流干流及重要的一级、二级支流，重点区域的三级和四级支流，重点湖泊、水库等，设定的断面（点位）具有区域空间代表性，能代表所在水系或区域的水环境质量状况，全面、真实、客观地反映所在水系或区域的水环境质量和污染物的时空分布状况及特征。

12.1.1.2 多功能性

国家地表水环境监测网包含评价、考核、排名断面和趋势科研断面。评价、考核、排名断面以改善水环境质量为核心，满足流域水污染防治目标任务考核和城市水环境质量排名等当前环境管理的需求；趋势科研断面一定时期内固定不变，反映流域水环境质量长期变化趋势。

12.1.1.3 覆盖范围

河流：我国主要水系的干流、流域面积在 1 000 km^2 以上的重要一级、二级支流，重点区域的三级、四级支流，重要的国界河流、省界河流、大型水利设施所在水体等。一般，干流断面间隔距离 50 km 左右，一级支流设置两个断面，二级及以下支流设置一个断面。

湖库：面积在 100 km^2（或储水量在 10 亿 m^3 以上）的重要湖泊，库容在 10 亿 m^3 以上的重要水库以及重要跨国界湖库等，重点增加良好湖库点位。一般，每 50～100 km^2 设置一个监测点位，同时空间分布具有代表性。

北方河流、湖库：考虑到我国南、北方水资源的不均衡性，北方地区流域面积或库容较小的重要河流或湖库可酌情设置断面（点位）。

12.1.1.4 国控断面（点位）类型

背景断面；对照断面；控制断面；国界断面；省界断面；市界断面；县界断面；

湖库点位；重要饮用水源地断面（点位）。

12.1.1.5 断面位置具体要求

（1）对照断面：断面上游 2 km 内不应有影响水质的直排污染源或排污沟。

（2）控制断面：应尽可能选在水质均匀的河段。

（3）国界断面：监测断面布设在靠近边境的中国国境以内，界河和界湖适当增加沿河重要城市的控制断面，出入境河流监测断面与国境线间没有排污口或支流汇入口。

（4）省界、市界、县界断面：原则上设置在上下游交界、符合断面设置原则处或下游地区的入境处。

（5）监测断面的设置要具有可达性、采样的便利性。

（6）根据不同原则设置的断面发生重复时，只设置一个断面。

12.1.2 断面（点位）分布

国控断面（点位）共 2 767 个，河流断面 2 424 个，湖库点位 343 个，共监测 1 366 条河流和 139 座湖库。设置跨界断面 956 个，其中，国界断面 93 个，省界断面 299 个，市界断面 408 个，县界断面 157 个（见表 12－1）。

表 12－1 国控地表水环境质量监测网点位分布情况表

流域名称		国控断面数	监测河流（湖库）数	流域面积/万 km^2	干流河长/km
长江		648	319	180.8	7 379
黄河		213	94	79.5	5 464
珠江		293	173	57.9	2 197
松花江		186	90	92.2	2 309
淮河		269	174	32.9	1 000
海河		191	115	31.8	1 090
辽河		142	71	31.2	1 430
浙闽片		168	117	23.7	—
西北诸河		113	69	345	—
西南诸河		92	59	85	—
太湖	湖体	20	1	—	—
	河流	75	56	—	39
巢湖	湖体	8	1	—	—
	河流	16	11	—	5
滇池	湖体	10	1	—	—
	河流	18	18	—	2
大型湖库		305	136	—	—
总计		2 767	1 505	960	—

12.2 地表水监测方案

12.2.1 监测范围

地表水监测范围为 2 767 个国控断面，其中评价、考核、排名断面（以下简称国考断面）共 1 940 个，入海控制断面 195 个（其中 85 个同时为国考断面），趋势科研断面 717 个。

12.2.2 监测项目

河流监测《地表水环境质量标准》（GB 3838—2002）表 1 的基本项目，以及流量、电导率。

湖库增测透明度、叶绿素 a 和水位等指标。

12.2.3 监测时间

每月 1—10 日；逢法定节假日，监测时间可后延，最迟不超过每月 15 日。

12.3 地表水监测采样技术

12.3.1 采样位置

在一个监测断面上设置的采样垂线数和各垂线上的采样点数按照表 12－2、表 12－3 和表 12－4 来执行。

表 12－2 采样垂线数的设置

水面宽	垂线数	说明
≤50 m	一条（中泓）	垂线布设应避开污染带，同时在污染带增加监测垂线
50～100 m	二条（近左、右岸有明显水流处）	
＞100 m	三条（左、中、右）	

表 12－3 河流采样垂线上采样点数的设置

水深	采样点数	说明
≤5 m	上层一点	①上层指水面下 0.5 m 处，水深＜0.5 m 时，在水深 1/2 处 ②下层指河底以上 0.5 m 处 ③中层指 1/2 水深处
5～10 m	上、下层两点	
＞10 m	上、中、下层三点	

表 12－4　湖（库）监测垂线采样点的设置

水深	分层情况	采样点数	说明
≤5 m		一点（水面下 0.5 m 处）	①分层是指湖水温度分层状况 ②水深不足 1 m，在 1/2 水深处设置采样点 ③有充分证据证实垂线水质均匀时，可酌情减少采样点
5～10 m	不分层	二点（水面下 0.5 m，水底上 0.5 m）	
	分层	三点（水面下 0.5 m，1/2 斜温层，水底上 0.5 m 处）	
>10 m		除水面下 0.5 m，水底上 0.5 m 处外，按每一斜温层分层 1/2 处设置	

12.3.2　冷藏要求

五日生化需氧量、氨氮、挥发酚、阴离子表面活性剂、粪大肠菌群、叶绿素 a、总磷（不加保存剂）、高锰酸盐指数（保存期超过 6 h）、石油类（保存期超过 24 h）、氟化物（不能尽快分析）、硫酸盐（不能尽快分析）、氯化物（不能尽快分析）、硝酸盐氮（不能尽快分析）和硝酸盐氮（不能尽快分析）等测定项目在运输过程中按照保存条件要求存放在冷藏设备中。

样品可放入带制冷功能的便携式冷藏箱（冷藏箱体不透光），调节温度于 0～5℃；若冷藏箱不带制冷功能，应使用冰袋保证冷藏箱的温度，同时应在运输过程中确保冷藏效果。

12.3.3　样品运输要求

水样采集后必须立即送回实验室。根据采样点的地理位置和每个项目分析前最长可保存的时间，选用适当的运输方式，在现场工作开始之前，就要安排好水样的运输工作，以防延误。

同一采样点的样品应装在同一包装箱内，如需分装在两个或几个箱子中，则需在每个箱内放入相同的现场采样记录。运输前，应检查现场采样记录上的所有水样是否全部装箱。

每个水样瓶均需贴上标签，内容有采样点位编号、采样日期和时间、测定项目、保存方法，并写明用何种保存剂。

每个水样瓶必须加以妥善的保存和密封，并装在包装箱内固定，以防在运输途中破损。除了防震、避免日光照射和低温运输外，还要防止新的污染物进入容器和沾污瓶口，使水样变质。

12.3.4　质控样采集要求

12.3.4.1　全程序空白样品

每月采集的所有地表水样品（可以包含省控网、市控网水质样品），每组每次至少采集一个全程序空白样品，每年每个项目必须覆盖一次以上，现场监测项目除外。

12.3.4.2 现场平行样品

(1) 采集现场平行样时，应等体积轮流分装成 2 份，并分别加入保存剂，注意不要装完一份瓶样品再装另一份样品。

(2) 每月采集的所有地表水样品，现场平行样数量应至少为水样总数的 10%；每年每个项目必须覆盖一次以上，现场监测项目、石油类和粪大肠菌群不采集平行样。

12.4 地表水监测分析方法

在国家地表水环境质量监测网监测工作中，关于地表水环境质量标准基本项目 24 项及电导率、湖库增测的透明度及叶绿素 a 项目，除去水温、pH、溶解氧、电导率和透明度这 5 个项目采用现场测定外，其余 22 个监测项目采用实验室分析。

具体监测分析方法标准详见表 12－5。

表 12－5 分析方法

序号	监测项目	分析方法	方法来源
1	高锰酸盐指数	酸性法/碱性法	GB/T 11892—1989
2	化学需氧量	重铬酸盐法	GB/T 11914—1989
3	五日生化需氧量	稀释与接种法	HJ 505—2009
4	氨氮	纳氏试剂分光光度法	HJ 535—2009
5	总磷（以 P 计）	钼酸铵分光光度法	GB/T 11893—1989
6	总氮（以 N 计）	碱性过硫酸钾消解紫外分光光度法	HJ 636—2012
7	铜	电感耦合等离子体发射光谱法	HJ 776—2015
		电感耦合等离子体质谱法	HJ 700—2014
		石墨炉原子吸收分光光度法	—
8	锌	电感耦合等离子体发射光谱法	HJ 776—2015
		电感耦合等离子体质谱法	HJ 700—2014
		原子吸收分光光度法	GB/T 7475—1987
9	氟化物（以 F^- 计）	离子色谱法	HJ 84—2016
		离子选择电极法	GB/T 7484—1987
10	硒	原子荧光法	HJ 694—2014
		电感耦合等离子体质谱法	HJ 700—2014
11	砷	原子荧光法	HJ 694—2014
		电感耦合等离子体质谱法	HJ 700—2014

表 12－5（续）

序号	监测项目	分析方法	方法来源
12	汞	原子荧光法	HJ 694—2014
		冷原子吸收分光光度法	HJ 597—2011
13	镉	电感耦合等离子体质谱法	HJ 700—2014
		石墨炉原子吸收分光光度法	—
14	六价铬	二苯碳酰二肼分光光度法	GB/T 7467—87
15	铅	电感耦合等离子体质谱法	HJ 700—2014
		石墨炉原子吸收分光光度法	—
16	氰化物	异烟酸-吡唑啉酮分光光度法/异烟酸-巴比妥酸分光光度法	HJ 484—2009
17	挥发酚	4-氨基安替比林分光光度法（萃取分光光度法）	HJ 503—2009
18	石油类	红外分光光度法	HJ 637—2012
19	阴离子表面活性剂	亚甲蓝分光光度法	GB/T 7494—87
20	硫化物	亚甲基蓝分光光度法	GB/T 16489—1996
21	粪大肠菌群	多管发酵法和滤膜法（试行）	HJ/T 347—2007
		纸片快速法	HJ 755—2015
22	叶绿素 a	分光光度法	—

12.5 地表水质量评价

12.5.1 地表水水质评价项目及标准

水质评价标准执行《地表水环境质量标准》（GB 3838—2002），按Ⅰ类～劣Ⅴ类六个类别进行评价（见表 12－6）。湖泊和水库营养化评价方法执行中国环境监测总站总站生字〔2001〕090 号文，按贫营养～重度富营养五个级别进行评价。

总氮和总磷作为湖泊水库水体营养状态的评价指标，总氮不作为水质评价指标。

粪大肠菌群作为水体卫生状况和非集中供水水源地水质评价的指标，不参与河流及湖库水质类别评价。

表 12-6 地表水环境质量评价基本指标类别与评分限值 单位：mg/L

序号	标准值/分类 项目		Ⅰ类	Ⅱ类	Ⅲ类	Ⅳ类	Ⅴ类
1	水温/℃		人为造成的环境水温变化应限制在： 周平均最大温升≤1 周平均最大温降≤2				
2	pH（无量纲）		6～9				
3	溶解氧	≥	饱和率 90%（或 7.5）	6	5	3	2
4	高锰酸盐指数	≤	2	4	6	10	15
5	化学需氧量（COD）	≤	15	15	20	30	40
6	五日生化需氧量（BOD_5）	≤	3	3	4	6	10
7	氨氮（NH_3-N）	≤	0.15	0.5	1.0	1.5	2.0
8	总磷（以 P 计）	≤	0.02（湖、库 0.01）	0.1（湖、库 0.025）	0.2（湖、库 0.05）	0.3（湖、库 0.1）	0.4（湖、库 0.2）
9	总氮（湖、库，以 N 计）	≤	0.2	0.5	1.0	1.5	2.0
10	铜	≤	0.01	1.0	1.0	1.0	1.0
11	锌	≤	0.05	1.0	1.0	2.0	2.0
12	氟化物（以 F^- 计）	≤	1.0	1.0	1.0	1.5	1.5
13	硒	≤	0.01	0.01	0.01	0.02	0.02
14	砷	≤	0.05	0.05	0.05	0.1	0.1
15	汞	≤	0.00005	0.00005	0.0001	0.001	0.001
16	镉	≤	0.001	0.005	0.005	0.005	0.01
17	铬（六价）	≤	0.01	0.05	0.05	0.05	0.1
18	铅	≤	0.01	0.01	0.05	0.05	0.1
19	氰化物	≤	0.005	0.05	0.02	0.2	0.2
20	挥发酚	≤	0.002	0.002	0.005	0.01	0.1
21	石油类	≤	0.05	0.05	0.05	0.5	1.0
22	阴离子表面活性剂	≤	0.2	0.2	0.2	0.3	0.3
23	硫化物	≤	0.05	0.1	0.2	0.5	1.0
24	粪大肠菌群/（个/L）	≤	200	2000	10000	20000	40000

12.5.2 河流水质评价方法

12.5.2.1 断面水质评价

河流断面水质类别评价采用单因子评价法，即根据评价时段内该断面参评的指标中类别最高的一项来确定。描述断面的水质类别时，使用“符合”或“劣于”等词语。断面水质类别与水质定性评价分级的对应关系见表 12－7。

表 12－7　断面、河段水质定性评价

水质类别	水质状况	表征颜色	水质功能
Ⅰ类、Ⅱ类水质	优	蓝色	饮用水源一级保护区、珍稀水生生物栖息地、鱼虾类产卵场、仔稚幼鱼的索饵场等
Ⅲ类水质	良好	绿色	饮用水源二级保护区、鱼虾类越冬场、洄游通道、水产养殖区、游泳区
Ⅳ类水质	轻度污染	黄色	一般工业用水和人体非直接接触的娱乐用水
Ⅴ类水质	中度污染	橙色	农业用水及一般景观用水
劣Ⅴ类水质	重度污染	红色	除调节局部气候外，几乎无使用功能

12.5.2.2　河流、流域（水系）水质评价

河流、流域（水系）水质评价：当河流、流域（水系）的断面总数少于 5 个时，计算河流、流域（水系）所有断面各评价指标浓度算术平均值，然后按照断面水质评价方法评价，并按表 12－6、表 12－7 指出每个断面的水质类别和水质状况。

当河流、流域（水系）的断面总数在 5 个（含 5 个）以上时，采用断面水质类别比例法，即根据评价河流、流域（水系）中各水质类别的断面数占河流、流域（水系）所有评价断面总数的百分比来评价其水质状况。河流、流域（水系）的断面总数在 5 个（含 5 个）以上时不作平均水质类别的评价。如果所有断面水质均为Ⅲ类，整体水质为“良好”。

河流、流域（水系）水质类别比例与水质定性评价分级的对应关系见表 12－8。

表 12－8　河流、水系水质定性评价

水质类别比例	水质状况	表征颜色
Ⅰ类～Ⅲ类水质比例≥90%	优	蓝色
75%≤Ⅰ类～Ⅲ类水质比例<90%	良好	绿色
Ⅰ类～Ⅲ类水质比例<75%，且劣Ⅴ类比例<20%	轻度污染	黄色
Ⅰ类～Ⅲ类水质比例<75%，且 20%≤劣Ⅴ类比例<40%	中度污染	橙色
Ⅰ类～Ⅲ类水质比例<60%，且劣Ⅴ类比例≥40%	重度污染	红色

12.5.2.3　地表水主要污染指标的确定方法

（1）断面主要污染指标的确定方法。

评价时段内，断面水质为“优”或“良好”时，不评价主要污染指标。

断面水质超过Ⅲ类标准时，先按照不同指标对应水质类别的优劣，选择水质类别最差的前三项指标作为主要污染指标。当不同指标对应的水质类别相同时计算超标倍数，将超标指标按其超标倍数大小排列，取超标倍数最大的前三项为主要污染

指标。当氰化物或铅、铬等重金属超标时，也作为主要污染指标列入。

确定了主要污染指标的同时，应在指标后标注该指标浓度超过Ⅲ类水质标准的倍数，即超标倍数，如“高锰酸盐指数（1.2）”。对于水温、pH值和溶解氧等项目不计算超标倍数。

$$超标倍数=\frac{某指标的浓度值-该指标的Ⅲ类水质标准}{该指标的Ⅲ类水质标准} \quad (12-1)$$

（2）河流、流域（水系）主要污染指标的确定方法。

将水质超过Ⅲ类标准的指标按其断面超标率大小排列，整个流域取断面超标率最大的前五项为主要污染指标，河流水系取断面超标率最大的前三项为主要污染指标；对于断面数少于5个的河流、流域（水系），按“断面主要污染指标的确定方法”确定每个断面的主要污染指标。

$$断面超标率=\frac{某评价指标超过Ⅲ类标准的断面（点位）个数}{断面（点位）总数}\times 100\% \quad (12-2)$$

12.5.3 湖泊水库评价方法

12.5.3.1 水质评价

（1）湖泊、水库单个点位的水质评价，按照“断面水质评价”方法进行。

（2）当一个湖泊、水库有多个监测点位时，计算湖泊、水库多个点位各评价指标浓度算术平均值，然后按照“断面水质评价”方法评价。

（3）湖泊、水库多次监测结果的水质评价，先按时间序列计算湖泊、水库各个点位各个评价指标浓度的算术平均值，再按空间序列计算湖泊、水库所有点位各个评价指标浓度的算术平均值，然后按照“断面水质评价”方法评价。

（4）对于大型湖泊、水库，亦可分不同的湖（库）区进行水质评价。

（5）河流型水库按照河流水质评价方法进行。

12.5.3.2 营养状态评价

（1）评价方法。

采用综合营养状态指数法（TLI（Σ））。

（2）湖泊营养状态分级。

采用0～100的一系列连续数字对湖泊（水库）营养状态进行分级：

TLI（Σ）＜30	贫营养
30≤TLI（Σ）≤50	中营养
TLI（Σ）＞50	富营养
50＜TLI（Σ）≤60	轻度富营养
60＜TLI（Σ）≤70	中度富营养
TLI（Σ）＞70	重度富营养

(3) 综合营养状态指数计算。

综合营养状态指数计算公式如下：

$$\mathrm{TLI}\ (\Sigma) = \sum_{j=1}^{m} W_j \cdot TLI(j) \tag{12-3}$$

式中：TLI（Σ）——综合营养状态指数；

W_j——第 j 种参数的营养状态指数的相关权重；

TLI（j）——第 j 种参数的营养状态指数。

以 chla 作为基准参数，则第 j 种参数的归一化的相关权重计算公式为：

$$W_j = \frac{r_{ij}^2}{\sum_{j=1}^{m} r_{ij}^2} \tag{12-4}$$

式中：r_{ij}——第 j 种参数与基准参数 chla 的相关系数；

m——评价参数的个数。

中国湖泊（水库）的 chla 与其他参数之间的相关关系 r_{ij} 及 r_{ij}^2 见表 12－9。

表 12－9　中国湖泊（水库）部分参数与 chla 的相关关系 r_{ij} 及 r_{ij}^2 值

参数	chla	TP	TN	SD	COD_{Mn}
r_{ij}	1	0.84	0.82	−0.83	0.83
r_{ij}^2	1	0.7056	0.6724	0.6889	0.6889

(4) 各项目营养状态指数计算。

TLI（chla）＝10（2.5＋1.086 lnchla）

TLI（TP）＝10（9.436＋1.624 lnTP）

TLI（TN）＝10（5.453＋1.694 lnTN）

TLI（SD）＝10（5.118－1.94 lnSD）

TLI（COD_{Mn}）＝10（0.109＋2.661 lnCOD_{Mn}）

式中：chla 单位为 mg/m^3，SD 单位为 m；其他指标单位均为 mg/L。

12.5.3.3　不同时段水环境变化的判断

对断面（点位）、河流、流域（水系）、全国及行政区域内不同时段的水质变化趋势分析，以断面（点位）的水质类别或河流、流域（水系）、全国及行政区域内水质类别比例的变化为依据，按下述方法评价。

按水质状况等级变化评价：

(1) 当水质状况等级不变时，则评价为无明显变化；

(2) 当水质状况等级发生一级变化时，则评价为有所变化（好转或变差、下降）；

(3) 当水质状况等级发生两级以上（含两级）变化时，则评价为明显变化（好转或变差、下降、恶化）。

按组合类别比例法评价：

设$\triangle G$为后时段与前时段Ⅰ～Ⅲ类水质百分点之差：$\triangle G=G_2-G_1$，$\triangle D$为后时段与前时段劣Ⅴ类水质百分点之差：$\triangle D=D_2-D_1$。

（1）当$\triangle G-\triangle D>0$时，水质变好；当$\triangle G-\triangle D<0$时，水质变差。

（2）当$|\triangle G-\triangle D|\leqslant 10$时，则评价为无明显变化。

（3）当$10<|\triangle G-\triangle D|\leqslant 20$时，则评价有所变化（好转或变差、下降）。

（4）当$|\triangle G-\triangle D|>20$时，则评价为明显变化（好转或变差、下降、恶化）。

参考文献

[1] 地表水环境质量标准. GB 3838—2002.

[2] 地表水和污水监测技术规范. HJ/T 91—2002.

[3] 地表水自动监测技术规范. HT 915—2017.

[4] 国家地表水水质自动监测站站房及采水技术要求. 环办监测函〔2017〕1762 号.

[5] 国家地表水考核断面水质自动站建设交接协调工作方案. 环办监测函〔2018〕166 号.

[6] pH 水质自动分析仪技术要求. HJ/T 96—2003.

[7] 电导率水质自动分析仪技术要求. HJ/T 97—2003.

[8] 浊度水质自动分析仪技术要求. HJ/T 98—2003.

[9] 溶解氧（DO）水质自动分析仪技术要求. HJ/T 99—2003.

[10] 高锰酸盐指数水质自动分析仪技术要求. HJ/T 100—2003.

[11] 氨氮水质自动分析仪技术要求. HJ/T 101—2003.

[12] 总氮水质自动分析仪技术要求. HJ/T 102—2003.

[13] 总磷水质自动分析仪技术要求. HJ/T 103—2003.

[14] 水质叶绿素 a 的测定分光光度法. HJ 897—2017.